Hisashi YANAGAWA
柳川 久

北の大地に輝く命

野生動物とともに

東京大学出版会

Living with Amazing Wildlife of Hokkaido
Hisashi YANAGAWA
University of Tokyo Press, 2024
ISBN978-4-13-063959-0

はじめに

十勝地方は北海道の東部に位置しており、北は東大雪、西は日高の山々、東の白糠《しらぬか》丘陵に囲まれ、南は太平洋に面している。北部には森林地帯が広がり、中部では大河十勝川が広大で肥沃な平野部を形成し、その河口の南部には湿原と湖沼群が点在している。このバラエティに富んだ自然には多種多様な野生動物が多数生息している。

一方で、この地域は都道府県面積が大きなほうから七番目で人口がおおよそ二〇〇万人の岐阜県とほぼ同じ面積に約三四万人の人間が暮らし、四〇〇万人分の食糧を生産するカロリーベースで食糧自給率一〇〇〇パーセントを超える日本最大の食糧基地でもある。そこでは人と野生動物の間にほかの地域では見られないさまざまな関係性や軋轢が生じている。

その十勝地方を中心に、三十数年間にわたり豊かな大地に根づく野生の動物たちの存在と人の生活や農畜産業などの生産・流通を両立させるために、小はカエルから大はヒグマまで、数々の具体的な保全や管理に関する研究と対策を行ってきた。

本書では六つの章で、これまでの研究とその成果による具体的対策を紹介している。第1章では研究のスタートとなった野生傷病鳥獣の救護とその原因をたどった野生動物の死因に関する研究、第2章では重大な死因の一つであったロードキル対策とその発展形であるロードエコロジー研究について紹介する。第3章では大規模な環境改変ののちに大農業地帯となった十勝にあって、生物多様性維持のかなめとなるネットワークであり、希少な猛禽類やコウモリ類にとって残された数少ない生活の場であると同時に、クマ・シカ・キツネなど有害獣の通り道である河畔林と防風林の管理に関して述べている。

第4章以降は私がこれまでにかかわった動物たちのなかから特徴的なものを二種類ずつ選んで記述していく。第4章ではとりたてて害獣でも益獣でもないが、身近で愛らしいがゆえに餌付けなどにより都市化が懸念されるエゾモモンガとエゾリスについて、第5章はかつて希少種であったが、増え始めたことにより人やほかの生きものとの摩擦が生じ始めたタンチョウとオジロワシ、第6章は現時点での人との軋轢がもっとも大きな問題となっているエゾシカとヒグマ、それらの大型鳥獣類と人との共存について現在も進行中の研究もまじえての紹介である。

そして終章の第7章では、なぜ私がこのような研究と仕事を目指し、進めてきたのかの振り返りと、それをふまえてこれからの「人と野生動物のあり方がどうあればよりよい関係となるのだろうか」を多少の夢と希望をまじえながら綴っている。

本書がこれからの人と野生動物のよりよい関係に少しでも役立つことを願い、そしてそれがよい関係でありたいと思いをめぐらせてくれる人が一人でも増えていってくれることを願いながら。

北の大地に輝く命／目次

北の大地に輝く命

第1章 野生動物の救護

傷ついた野生の鳥獣を保護し、治療などを施し、リハビリののち野生に復帰させる「野生傷病鳥獣の救護」という制度が北海道でスタートした。はじまりのころからこの制度にかかわった私は、以後三十数年にわたって多くの傷病鳥獣を扱うことになる。そのうちにほんとうにやるべきことは、それらの鳥獣が保護される原因をつきとめ、可能ならばそれをなくすことではないかと思い始めた。そのためにまずは野生動物の死因に関する研究に取り組んでゆく。

1　はじまりは傷病鳥獣の救護から

北海道の野生傷病鳥獣救護

北海道庁は一九八八年から道内の獣医学科（学部）を持つ三大学、北海道大学、酪農学園大学、帯広畜産大学と獣医師を有する四つの動物園、札幌円山動物園、旭川市旭山動物園、釧路市動物園、おびひろ動物園に「野生傷病鳥獣の救護」を依頼し、それぞれでの対応が始まった。帯広畜産大学の家畜病院（現在は動物医療センターに名称変更）でも一九八九年から受け入れを始め、一時は年間一〇〇を超える傷ついた鳥獣が持ち込まれていた。今現在（二〇二四年）は鳥インフルエンザ個体の持ち込みのおそれなどもあり、北海道大学と帯広畜産大学では大学としての傷病鳥獣の受け入れは行っていない。唯一、「野生動物医学センター」を有する酪農学園大学が近年まで傷病鳥獣の受け入れを行っていたが（浅川二〇二一a、b）、そのセンターも残念ながら二〇二二年に閉鎖された（浅川・尾針 二〇二三）。

過去の話に戻ると、大学の家畜病院に野生動物が届けられた場合、まず私に連絡がくる。私は獣医師ではないので診断や治療の専門家ではないが、届けられた鳥獣の種名や、たとえばそれが野鳥であれば一年を通して北海道にいる留鳥なのか渡り鳥なのか、どんなものを食べているのか、などを診療にあたる獣医師にお話しする。以前、飼い猫に捕獲されたエゾモモンガが届けられたときも、顔中濃い紫色の液体で濡れていたので「吐血ですか？」と聞いたら、なにを食べているかわからなかったので、とりあ

図 1-1　車にぶつかって保護されたオオコノハズク。わが家で数日過ごしたのち無事に野生復帰した。電話の横がお気に入りの場所で昼間は電話が鳴っても微動だにしなかった。

図 1-2　交通事故で片翼を失ったコミミズク。こちらは8年間わが家で飼育し、ある日止まり木からパタっと落ちて一度大きく息をしたのち、眠るように大往生した。

えず「ぶどうジュース」を飲ませてみたとのことであった。ちなみに固形の餌としては落花生を想定していたそうで（モモンガは木の葉が主食）、まあ、万事こういった調子なので、診断と治療以外は私の研究室が引き受け、野外に戻すリハビリをおもに学生たちと担当していた。

おかげで研究対象以外にも多くの野生動物とかかわることとなった。救護にかかわった最初のころはまだ独身の身で、大学の官舎住まいであったので、寝る部屋ではエゾモモンガの四兄弟が夜な夜な飛び回り、居間にはオオコノハズク（図1-1）が放し飼い、風呂場ではヒドリガモが泳いでいる、という時期もあった。巣から落ちたエゾフクロウのヒナ（章扉の写真）を育てたこともあるし、交通事故で片翼を失ったコミミズク（図1-2）を大往生までの八年間飼育したこともあった。

エゾモモンガの人工哺育

これまでの救護の経験のなかから、私のおもな研究対象でもあるエゾモモンガとコウモリ類の保護例について、生態にも触れながら紹介していきたい。エゾモモンガが傷病鳥獣として保護されるケースはそれほど多くはないが、十数件以上は扱ったことがある。巣立った若い個体や成獣は、飼い猫による捕獲が数例あり、この場合「半殺し」の状態で持ち込まれ、ほぼすべて数日以内に死んでしまう。飼い猫とはいえ、ネコの殺しのテクニックにはある意味感心してしまう。死んだモモンガを解剖すると、脳や頸椎に針で突いたような犬歯の傷が小さく一つだけ、というケースが多い（柳川 一九九八）。

最近の報告（飯嶋 二〇二二）では、粘着型のネズミとりにくっついて保護された例が紹介されている。灰や乾いた土をまぶしてそれ以上の粘着が進まないようにして、ネズミとりの注意書きに沿って

「サラダ油をなじませながら櫛《くし》ですくうように粘着剤を取り除き、ぬるま湯で洗い流す」そうである。私も同様の経験をイイズナでしたことがあり、粘着剤の除去に往生した。今となってはどんな油を使ったか覚えていないが、野鳥などでも同じような経験をした人が複数いるようで（黒沢 二〇二二）、使う油もサラダ油派と天ぷら油派があるようだが、どちらでも取り除けるようだ。

エゾモモンガの保護のケースでもっとも多いのが、子育て中の母親が営巣している木が伐採され、親だけ逃げて、取り残された子が届けられる、というものだろう。これまでに、人工哺育で育てた子の腹数は一〇例を下らない。届けられる子の成長段階もさまざまで、これによって授乳の間隔や場合によっては乳の成分にも違いが生じるので、まずは生後何日齢くらいの子なのか、の把握が重要である。そこで、これまでの研究で得られた子の一週間ごとの成長した姿と、日齢にともなうおもな形質と行動発現をそれぞれ図と表で示して（図1-3、表1-1）、子育てを担当する人たちと共有している（柳川 一九九八、二〇〇六a）。

エゾモモンガの子は、出生時は赤裸で、かろうじて手足の間に膜があることで、ネズミ類やエゾリスの子と区別できる（図1-3A）。耳介は頭部に癒着しており、手足の指も癒合して、分離していない。成長の初期にはそれらの分離状況を見ることでおよその日齢を知ることができる（表1-1）。子の成長は小型の齧歯類にしては比較的ゆっくりで、歩いたりものに登ったりができるようになるのが生後三〇日前後、目が開くのが平均三五日である（図1-3F、表1-1）。しかし、開眼後の行動の発達は早いペースで進み、巣から顔を出し、巣を出始めるのが四〇日前後、五〇日ごろから滑空をし始め、六〇日前後で巣立ちする（表1-1）。

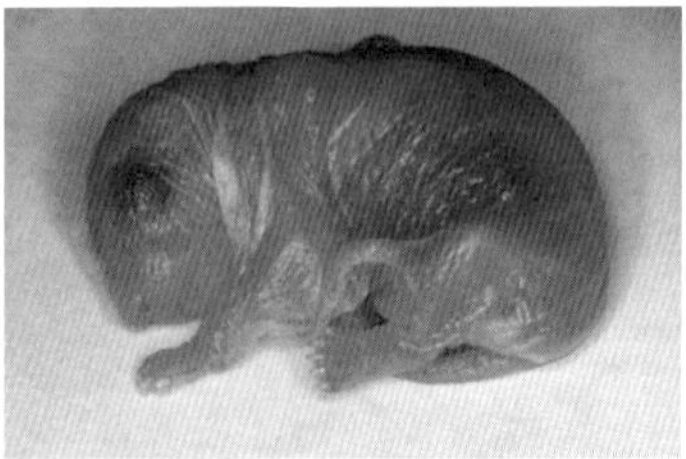

A　出生当日

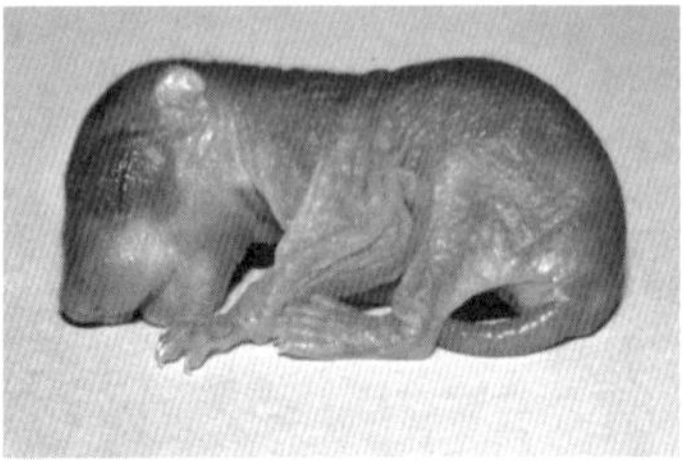

B　生後 1 週間

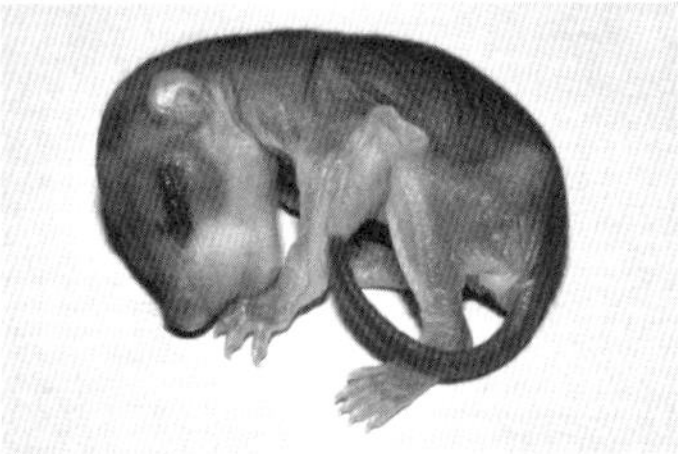

C　生後 2 週間

D　生後 3 週間

E　生後 4 週間

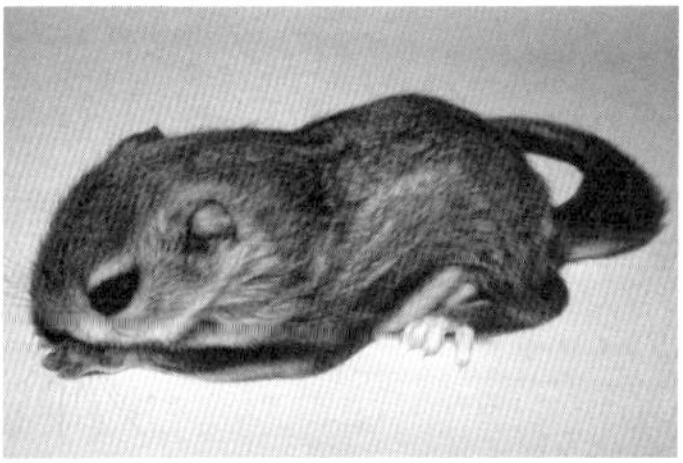

F　生後 5 週間

図 1–3　エゾモモンガの子の出生当日から目が開く 5 週間までの 1 週間ごとの成長。

表 1-1　エゾモモンガの形質発現と行動発達の平均日齢。

形質発現	（日）
耳介の起立	4
前足の指分離	10
後足の指分離	12
下顎の切歯萌出	20
上顎の切歯萌出	28
毛被の完成	30
開眼	35
行動発達	
前足で這う	20
前・後足で歩く	28
布などに登る	34
巣穴から顔を出す	38
巣穴から出始める	42
固形物を食べ始める	42
滑空開始	52
巣立ち	60

人工哺育の場合、まず重要なのが与える乳の成分と授乳間隔であろう。市販の牛乳はリス類の乳よりも成分が薄いので、初期の哺育には犬・猫用の液体ミルクを用いているが、開眼後は市販の牛乳でも育てることができた。私はまだ用いたことはないが、最近ではリス・ハムスター用ミルクも市販されているようだ。授乳の間隔については、野外で子育て中のモモンガを観察していると、けっこうな頻度で巣に戻るので（山口・柳川 一九九五）、それを参考に子の週齢が四週齢（図1-3E）くらいまでは夜間の授乳頻度を二、三時間おきとした。

授乳用には小型の注射筒を用いるのが普通だが、手に入りにくいときには牛乳やジュースの紙パックについているストローを使っている。ストローの先のとがった部分をハサミで丸くカットし、吸い口部分を人差し指の腹で押さえて、スポイトのようにして使う。慣れればストローのほうが注射筒よりも一度に出す乳の量をコントロールしやすい。一度に多くの乳を押し出すと子がむせてしまい、鼻から乳を噴出させることがあるが、これを繰り返すと気管に乳が入り肺炎の原因にもなる。人により多少の器用不器用もあるが、何度か経験すると授乳する人間も授乳されるモモンガの子もこの方法に慣れてスムーズに授乳が行えるようになってくる。

授乳時には子を柔らかい綿やタオルなどでくるんでやると、精神的にも落ち着くようで暴れず哺乳がしやすい。また、子の日齢が若いときには、排尿・排糞をうながすために陰部を刺激してやる必要があり、湿らせた柔らかい布やつばをつけた指の腹などで子の陰部を優しくこすってやればよい。目が開き固形物を食べ始めたときには離乳食にリンゴを用いている。また、野外に戻す必要がある場合には開眼後に滑空の練習をさせる必要があるが、たとえば適当な太さの木の棒に止まらせて、その棒を持った手を伸ばして体から離すと、たいていは棒を持った人間のほうへ飛んでくるので、その距離をだんだんと離して滑空の距離を伸ばす練習をしている。一度、私たちの研究室のある三階の窓から飛び出して（落っこちて）しまい、あわてて下まで様子を見にいったが、一〇メートル以上の高さから落ちたにもかかわらず、普通に地面を走り回っていた。野外で観察していても滑空の練習中に高い木の上から落ちることはよくあることで、モモンガの子たちは高いところから落ちることには慣れているようだ。

さて、ここまでは一般的な人工哺育の紹介であるが、じつは裏技ともいえる方法で保護された子を野生に戻すことがある。モモンガの子が届けられたときに私たちが使うもう一つの方法は、子を「里子」に出す、である。これはモモンガ母子の音声コミュニケーションを研究（竹田津・柳川 一九九五）しているときにわかったことなのだが、モモンガの母親は自分の子と他者の子を区別できない。モモンガの母子は野外ではぐれたときなどに頻繁に音声でコミュニケーションをとっている。室内で調査した例では母親のいる巣箱から五〇メートル離して子を鳴かせても、母親は巣箱から出て子を回収して巣箱に持ち帰る（図1-4）。

たとえばそれぞれ三匹の子を育てている母親が二家族いた場合、それぞれの子の日齢が多少違って、大小の違いがはっきりしていても、どちらかの母親の前に六匹の子を置き鳴かせると、すべて回収して育てようとする。野外でも、一例だけであるが、子持ちの母親が明らかに成長段階の違う大きな子を自分の小さな子たちにまぜて育てていたことがあり、その子はどこかで母親が拾ってきたほかの母親の子だろう。そういった経験もあったので、野外で子育て中の母親の巣がわかっている場合には、保護された子を一匹ずつ「里親」に預けることもある。人間がどんなにがんばって育てても、やっぱり「餅は餅屋」で、里親には一個体分余計な苦労はかけるが、どの例でも子は順調に育った。

最後にちょっと悲しい話であるが、人工哺育のエゾモモンガが野外で生きていけるかどうか、放獣した二匹に発信機をつけて追跡したことがある。その結果、一週間以内に二匹とも放した場所から消失した。おそらくなにかの天敵に捕獲されたと思われ、覚悟はしていたが厳しい現実を見せられた。そういった経験もあり、保護された子が一、二匹であれば野外で里親を探したり、人工哺育で育てた子を動物園に引き取ってもらったりするようにしている。

コウモリ類の保護例

近年まで北海道には本州以南のアブラコウモリ（イエコウモリ）のように人家に住みつくコウモリがいなかったので、北海道民はコウモリ類が北海道に生息していることを知っている人のほうが少なかっ

図 1-4　エゾモモンガ母親の子の回収。子の体の一部を軽くくわえると（上）、子は母親の首にしっかりと巻きついて（下）、これで母親は滑空することも可能になる。

た。北海道東部の十勝地方ではこれまで一四種類のコウモリ類の記録（柳川 二〇一三a）があるが、傷病獣としての保護例がもっとも多いのはモモンガと同じく子の保護である。これはとくに人家性の種類で多く、本州以南ではコウモリの救護例のほとんどはアブラコウモリの子の保護である。これに関してはいくつかの報告（田中 一九九九、葉山 二〇〇四）や書籍にまでなっている例（中野 二〇〇一）もあり、参考にさせていただいている。

アブラコウモリが函館などの道南地域に局地的にしか分布しない北海道（福井ほか 二〇〇三）、とくに道東の十勝地方では学校の校舎や体育館、神社や牛舎で繁殖するキタクビワコウモリ、ヒナコウモリ、ウサギコウモリなどの子の保護例がある。このうち、キタクビワコウモリとウサギコウモリについてはある程度成長した子を牛乳で人工哺育した経験があるが、日齢の若いものについては哺育が不可能であった。本州のアブラコウモリの例では出生直後の個体から人工哺育で育て上げたものがあり（田中 一九九九）、この例では、最初は牛乳を与えていたが、生後二日齢から犬・猫用ミルクに切り替え、生後一四日齢からミルクと離乳食にバナナを練ったものを与えている。私も離乳食や大人になってからの人工餌には大学院時代に教わった、ゆで卵の黄身：バナナ：チーズを一：一：一の割合で配合した練り餌に総合ビタミン液を一、二滴加えたものを用いており、今まで扱った小型コウモリ類でこの餌に餌付かなかったものはいなかった（柳川 二〇〇六b）。

一方で、コウモリ類にはエゾモモンガの子が保護されたときに使う「里子」という手は使えない。一度に三、四匹の子を産み、育てるエゾモモンガ（柳川 一九九七）と比べ、ほとんどのコウモリ類は一産一子で、年に一匹の子しか育てない。他者の子も自分の子と区別せず（区別できず）育てるエゾモモンガと違い、コウモリ類は自分の子と他者の子を区別し、自分の子にしか授乳しない。

そのほかの例ではフクロウ類やチゴハヤブサなどの天敵に襲われたか、飛翔中を人にたたき落とされて前腕骨などが骨折したり、翼の皮膜が破れたりした個体が持ち込まれることもある。これまでホオヒゲコウモリとウサギコウモリで骨折した個体に添え木をあて、テーピングして治療を試みたことがあるが、両方ともそれを外そうとしてもがき、むだなエネルギーを使わせてしまい、衰弱して成功しなかった。のちに野外で骨折した前腕骨が自然治癒したカグヤコウモリを捕獲したことがあり（図1-5）、治癒までの時間が思ったより早いのかもしれない、と思うようになった。私が治療を試みたケースも、なにもせず静かな暗いところに置いておいたほうがよかったかもしれないと反省している。同様に翼の破れや穴も驚くほどの早さで治癒するようで、たとえばアブラコウモリでは、一円玉程度の穴は一週間でふさがるそうである（中西 一九九六）。

最近ではあまり見なくなったが、天井からぶら下げるタイプのハエとり紙にくっつき保護される例もあった。私の大学は牛や馬がキャンパス内に多いせいで、その糞にたかったり、なかには吸血する凶悪なハエ類がいて、どこの研究室でもハエとり紙を使っていた。学生が研究室で飛ばしていたウサギコウモリがそれにくっついたことがあるが、コウモリの名誉のために書いておくと、避けきれなくてではなくて、自ら止まりにいってくっついたそうである。これも粘着性のネズミとりに捕まったモモンガ同様、その場にあった小麦粉や片栗粉などの粉をまぶして、ベタついた毛をハサミで刈り取った。

コウモリ類を扱うときは、北海道で最大のヤマコウモリでも体重が六〇グラム程度なので麻酔は必要ないが、歯が鋭いので素手では扱わない。とくに比較的大きなヤマコウモリ（図1-6）とキクガシラ

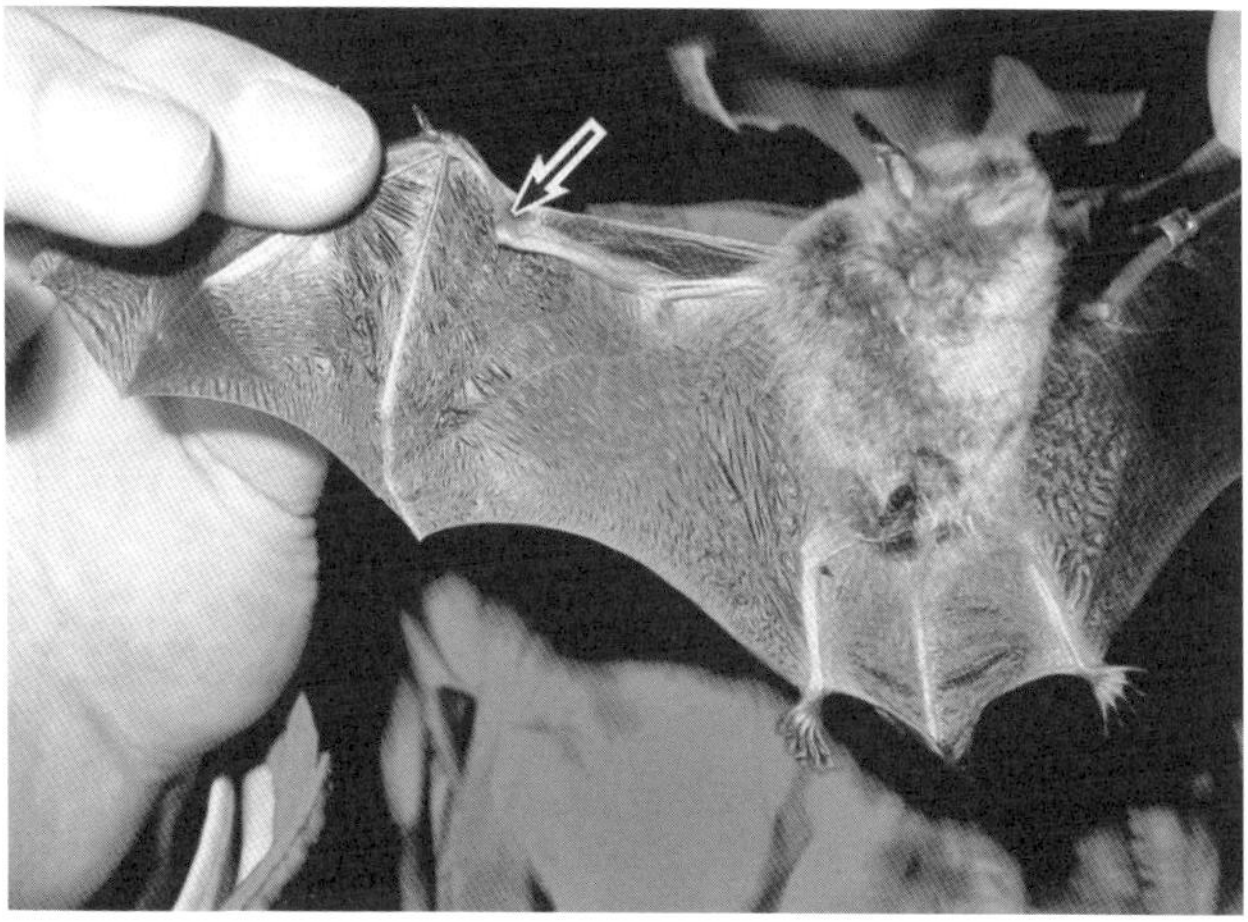

図 1-5　骨折した前腕骨が自然治癒したカグヤコウモリ。折れたのちにつながった部分を矢印で示す。

図 1-6　ヤマコウモリ。犬歯が強大で、噛む力が強いので軍手程度の手袋では、噛まれると出血する。

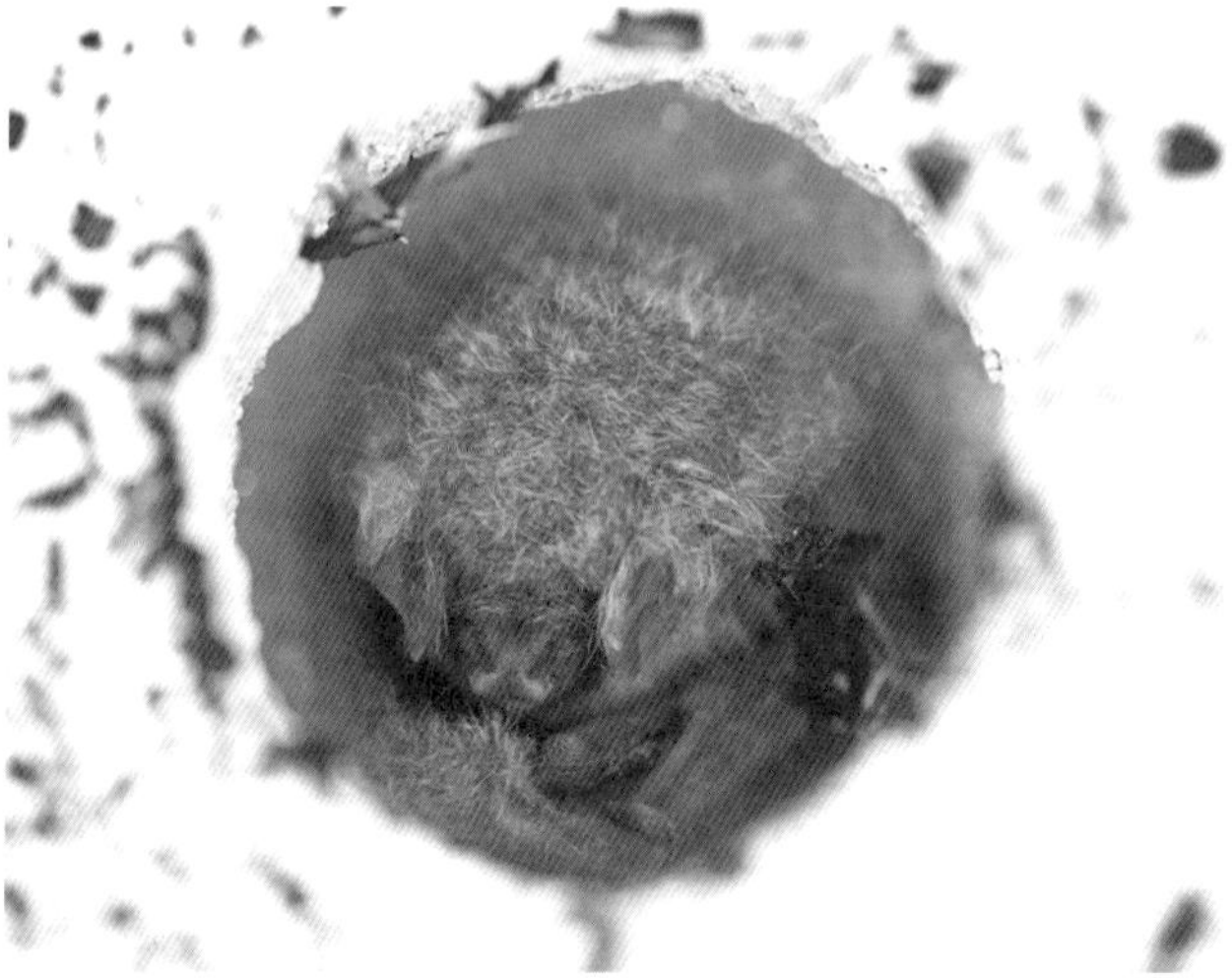

図 1-7　雪のなかで冬眠するコテングコウモリ。くれぐれも拾ってこないでください。（撮影：中島宏章氏）

コウモリは犬歯も大きいので軍手では防ぎきれず、革の手袋で扱っている。幸いなことに北海道のコウモリ類から重大な病原菌が発見されたという話は聞かないが、海外では狂犬病などの媒介者であることが知られており、注意が必要である（原田一九九七、船越二〇二〇）。まあ、そうでなくとも野生の動物はいろいろな雑菌を持っているので、噛まれないにこしたことはない。

最後に、特異な保護例としてコテングコウモリの春先の誤認保護がある。このコウモリはヤマネ（湊二〇一八）でも知られる雪中冬眠を行い（柳川ほか二〇〇四a：Hirakawa and Nagasaka 2018）、春先になって雪が溶けてくると地表にコウモリが現れる。実際にはそのコウモリはまだ冬眠中で眠っているのだが、雪の上で死んでいる個体とまちがって拾われることが多く、そのまま死体として届けられたり、暖かくなって動き出して、びっくりして届けられたり、というケースがある。

したがって、雪のなか、あるいは雪の上で眠っているコテングコウモリを見つけても、触ったり、保護すべきではない。そのままそっとしておいてやり、せめて「とっていいのは写真だけ」(図1-7)、にしてほしい(中島 二〇一一)。

2　野生動物はどんな原因で死んでいるか

傷病鳥獣の救護から死因の研究へ

傷病鳥獣の救護を続けるうち、従事する私を含め、学生たちが疑問や喪失感を抱くようになってきた。人間に保護されるまで弱った野生動物は、治療やリハビリ中に死んでしまう個体が多い。たとえ回復しても怪我などのハンディがある個体は野外に戻せないし、戻しても生きていけるほど野生の世界は甘くない。先に書いた人工哺育のモモンガの子のようなケースは、この分野にかかわるだれもが経験しているることだろう。

ほかにもこんな例があった。ガラス窓にぶつかって脳しんとうを起こしたトラツグミを保護した。幸い骨折などはなく、首のすわりは多少悪かったが、見た目は元気に回復したので、学生とともに研究室のある建物の前で放鳥することにした。みなが見守るなか、無事に飛び立ったと思った鳥は、あっという間に周囲にいた複数のカラスに追い詰められ、捕食された。野生の厳しい現実と、放鳥の場所とタイミングを誤ったという自分たちのミスに打ちのめされて、みな言葉が出なかった。

また、交通事故で届けられたキタキツネを治療の仕様がなく、安楽死させたこともある。ほんとうは一人で処理したかったが、見たいという学生の希望もあり、教育の一環と覚悟を決めてみなの見るなかで処置したが、死ぬ直前の最後のあがきとその後ゆっくりと弛緩していく体に見ていた学生の一部が泣き出した。

そんな経験を繰り返して、私と学生たちのたどり着いた結論は、今後も傷病鳥獣として届けられるものは引き受けるが、その原因を知り、可能な限りそれを減らす努力をしよう、そのための研究をしよう、であった。

まずは手元のデータの整理から、研究室に集められた九七種五〇〇羽の鳥類の死因を調べることを始めた（柳川 一九九三、柳川・澁谷 一九九六）。もっとも多かったのはガラスなどの人工物への衝突死で、約半数強の二六三羽（五二・六パーセント）であった。次いでロードキルなどの交通事故死が一三〇羽（二六・〇パーセント）、この二つだけでじつに四分の三以上が死んでいた。もちろんこれは人の手によって集められた鳥類の死因という前提のため、人為的原因のものが多く集められており、この比率が野外での鳥類の死因の比率を代表するものではない。それでもこの二つの人為的死因が無視できない数であることも十分にいえる数値だと判断し、この二つについて重点的に調べることとした。

鳥類のガラス衝突

第一の注目すべき死因と考えたガラスなど人工物への衝突は高速で飛翔する鳥類特有で、哺乳類ではこのような原因で死亡するものはないが、鳥類にとっては非常に重大な死因である。少し古い推計だ

図 1-8　ガラス窓にぶつかって保護されたシメ。この太い嘴に噛まれるとペンチではさまれたように痛い。

が、アメリカでは年間最大で九億七五六〇万羽の鳥が衝突死し、その数は狩猟による死亡を上回るという報告がある（Klem 1989, 1990）。この報告をそのまま日本にあてはめることはできないが、確実にいえることは、日本でもガラスなどへの衝突による死亡は鳥類にとって非常に重大な死因であるということと、種類や個体数を限定する狩猟や有害鳥獣駆除と比べて、衝突死などの事故は人間側に明確な殺意がないために倫理的に問題にされることは少ないが、その実態は無差別・無制限な死のトラップとなっているということである。

先の五〇〇羽の死因調査ののち、データを追加したガラス衝突のみの六三種三〇〇羽で衝突死の多い鳥の傾向を調べてみた（柳川・澁谷 一九九八）。シメ（四六羽）（図1-8）、アオジ（二六羽）、ゴジュウカラ（一八羽）、キビタキ（一五羽）など森林性鳥類が多かった。そこで、集まるデータを待つ受身の調査だけでなく、森のなかのフィールドに出ての調査をすることにした。衝突事故の多発する現場で、建物周辺の鳥類の個体数や行動などの観察を行い、具体的な事故防止策を模索するためである。

まずは大雪山国立公園の上士幌町糠平《ぬかびら》で建物周辺の鳥類調査を行い、その鳥類相と衝突する種類の関係、つまり建物周辺に多い鳥がガラスに衝突するのか、それとも特定の種類の行動が衝突に関係するのか、を調べた（澁谷ほか 一九九九）。その結果、建物周辺のセンサスで得られたそれぞれの種の個体数と衝突数には相関がなく、つまりは個体数の多い鳥が必ずしも衝突の多い鳥ではないことが明らかになった。鳥類の種類によってガラス衝突の遭いやすさに差があり、実地での調査でも同様にアオジ、ゴジュウカラ、キビタキ、シメが衝突を起こしやすい鳥であった（柳川・澁谷 一九九八）。

また、十勝管内新得町のガラスを多用したまったく同じつくりの体育館を擁する二つの小学校で、その体育館に衝突する鳥を調べた研究（柳川・澁谷 二〇〇〇）では、体育館周辺のセンサスで観察された鳥類はそれぞれ二五種五一六羽と二五種四九八羽とほとんど同じであったにもかかわらず、前者の体育館では一〇種二六羽の鳥類が衝突死し、後者では一羽だけであった。この違いには体育館周辺の植生（樹木の配置）が関係しており、そこで繁殖・採餌するシメなどの個体数の違いによるものであった。

これらの研究をふまえて、ガラス衝突の多い建物から防止策を相談された場合には周辺の樹木の位置なども考慮して、防止策を提案することにしている。現在、野鳥のガラス衝突に関する研究はお休み状態であるが、建設業界では鳥類のガラス衝突と建物の構造に関する研究（辻井 一九九五、二〇〇九）も進んでおり、その成果に期待したい。また、海外では現在もガラス衝突防止のための商品の開発が進んでおり、たとえば「Window Alert」という窓ガラスに貼るシールは、紫外線の技術で窓の外の鳥には見えるが、室内の人からは見えず、窓から見える視界をさえぎらないそうである（黒沢 二〇一〇）。

鳥類のロードキル

もう一つの重大な死因、ロードキルで死亡個体の多い種はスズメ（一七羽）、アオジ（一六羽）、トビ、イソシギ、フクロウ、ハクセキレイ（各七羽）、ノビタキ（六羽）で、ガラス衝突の多い鳥が森林性であったのに比べ、人家周辺や草原性の鳥が多い傾向があった（柳川・澁谷 一九九六）。トビの事故は路上のロードキル死体を採食中、あるいは持ち去ろうとして事故に遭う二次的な事故、同様にフクロウは路上に出てくる小動物を狙っての事故で、とくに冬に多かった。水辺の鳥のイソシギがロードキルに遭遇する確率は必ずしも高くないと思われるが、群れで渡り中の事故のため、一件での個体数が多くなってしまった。同様の例はアカエリヒレアシシギでも報告があり（金澤 一九九五）、ベニヒワの小群が大型車に巻き込まれて、少なくとも二五羽が死亡した例もあった（柳川・筒渕 一九九九）。

鳥類のロードキルについては、十勝地方の三区間のルートを各月の前半と後半に一回ずつ定期的に見回り、事故現場での調査を行った（筒渕ほか 一九九九）。やはりスズメとアオジの事故が多く、事故の頻度を環境別に見ると、市街地で五〇〇キロメートルあたり一〇・四羽ともっとも高く、農耕地で四・四羽、森林で三・〇羽であった。道路周辺に多い鳥と事故の多い鳥の比較では、ガラス衝突と同様、道路沿いで個体数の多い鳥が必ずしも事故の多い鳥とは限らず、鳥の種類によって事故の遭いやすさに差があった（筒渕 一九九八）。

図 1-9　低い位置を飛んでいるオジロワシ。背後にうっすらエゾシカが見える。（撮影：広沢圭司氏）

道路沿いでの観察によって、種類による事故への遭いやすさの違いには、道路を横断する際の飛行の高さが関係することがわかってきた。森林性の鳥では道路を横断するときに樹木から樹木への移動が多く、比較的地上高の高いところを飛翔するが、草原性の鳥では草本から草本への飛翔となり低いところを飛ぶので、車との衝突リスクが高くなる。現在、シマフクロウやオジロワシ（図1-9）などの希少鳥類が川や橋の周辺など低いところを飛んで横断する可能性のある道路では、トラックなどの大型車両の車高より上を飛ぶように、のぼりやフェンス（中村 二〇一三）などを道路沿いに設置するようにしているが、残念ながら普通種の鳥類のロードキルに考慮した対策は見たことがない。しかしながら、シマアオジをはじめとして草原性鳥類のなかには著しくその数を減じているものもあり（Tamada *et al.* 2014）、場所によっては大型の希少鳥類だけでなく、小鳥類のためにもロードキル対策が今後は必要になってくるであろう。

第2章

ロードキルからロードエコロジーへ

野生動物の死因がわかってくるにつれ、今度は具体的にそれをどうやって防ぐか、という研究がしたくなってくる。そこで最初に取り組んだのが、ロードキル対策である。カエルやヒグマなど、さまざまな動物への対策にかかわるうち、事故地点という「点」が、動物の移動経路と人の道路というそれぞれの「線」が交差する場、という当然の事実に気づく。さらに道路を中心とした保全対策には動物の生息域と人の土地利用という「面」でものを見なければならないという考えに至り、ロードエコロジーという観点に立って「道路と動物」の関係を考え始めた。

1　ロードキル対策

哺乳類・爬虫類・両生類のロードキル

鳥類の死因の研究を進めつつ、一方で気になっていたのが哺乳類のロードキルの多さであった。北海道ではエゾシカのロードキルが問題になり始め、大型のエゾシカやキタキツネ、エゾタヌキなどの中型動物のデータは少しずつ公表されるようになってきていた（大泰司ほか 一九九八）。しかし、鳥類のロードキルを現場で調べた経験から、めだつ大型や中型だけでなく小型哺乳類や爬虫類・両生類も多くが路上で死んでいる実態を見てきたので、まずはその数量を明らかにすることを試みた。

そこで研究室の学生、卒業生、大学の教職員、自然や動物に興味を持つ方たちにとにかく頼み込んで、路上に落ちている哺乳類・爬虫類・両生類の死体を、安全に気をつけつつ、可能な限り拾ってきてほしいとお願いした。死体が必要な理由は、ほんとうに事故による死なのか自然死やほかの原因によるものなのかを明らかにしたかったのと、ネズミ、トガリネズミ、コウモリ類の小型哺乳類は識別がむずかしいので種レベルまで調べるためには死体の一部でもほしかったためである。また、ヒグマとエゾシカは対象外にしたが、さすがにその死体を拾ってきてほしいとはいえなかったし、頼まなくても拾ってきますよといってくれる人も何人かいたので（実際に何体かは届いたエゾシカの解剖もした）、最初から「クマとシカは対象外です」と宣言しておいた。

その結果、二年間で三〇種一五二三個体の中・小型哺乳類・爬虫類・両生類のロードキルデータが集まった（柳川 二〇〇二：Yanagawa and Akisawa 2004）。哺乳類は二三種類がロードキルで死亡していた。これは北海道の陸生哺乳類の大部分の種で、もちろんヒグマやエゾシカなど今回の対象外の大型種もロードキルに遭うし、この調査では拾得のなかったナキウサギ（川辺・中岡 二〇〇〇）やコウモリ類（柳川ほか 二〇〇三ａ）も事故例があるので、陸生哺乳類のほとんどの種がロードキルに遭う可能性のあることを示している。

中・小型哺乳類で路上での死体拾得数がもっとも多かったのはオオアシトガリネズミ（一五二個体）で、時期としては八〜一〇月の秋の拾得が多かった（柳川 二〇〇二）。この種の拾得死体のほとんどにはめだった外傷がなく、歯や尾の毛の摩滅度（阿部 一九五八）から老齢個体の自然死の可能性が高く、そのほかのトガリネズミ類の路上死体も同様の原因から自然死である可能性が高いと思われた。

次いで中・小型哺乳類で死体拾得数の多かったのが中型哺乳類ではキタキツネ（八五個体）、小型哺乳類ではエゾリス（九四個体）であった（柳川 二〇〇二、二〇一三ｂ）。両種ともトガリネズミ類と違って、自動車事故によるロードキルでの拾得であったが、これは北海道に独特、とくにエゾリスについては市街地にエゾリスが多く生息する帯広ならではの結果であろう。本州以南では中型動物のロードキルは圧倒的にタヌキが多いが（たとえばSaeki and Macdonald 2004; 佐伯 二〇一三）、北海道全域の国道（一九九五年四月〜二〇〇九年三月）ではキタキツネ（八八五八件）のロードキル数がエゾタヌキ（四〇二九件）の二・二倍（野呂 二〇一一）である。十勝地方だけの国道（二〇〇九年四月〜二〇一一年三月）でもおおよそ同様の傾向で、キタキツネ（一四三八件）のロードキル数がエゾタヌキ（六一六件）の二・三倍であった（添田ほか 二〇二二）。

キツネもタヌキも個体数の少なくない普通種で、積極的にロードキル対策がとられることはほとんどないが、同じ普通種でも可愛らしさや親しみやすさでシンボル動物にもなっているエゾリスには、市民からの投書などで行政によって対策がとられることが多い（Yanagawa 2005; 柳川 二〇二三b）。

爬虫類と両生類のロードキルはエゾアカガエル（一〇四四個体）以外、全体的に少なめであった。もっとも死亡個体の多かったエゾアカガエルのロードキルは春五月（八五八個体）と秋九・一〇月（合わせて一三九個体）に集中し、とくに春の事故数が突出していた（柳川 二〇〇二）。春に事故が多いのは冬眠明けのカエルが越冬地から産卵する水場に移動するために道路を横断するからで、秋はその逆に産卵場や夏の生息場所から越冬場所に移動するためである。ただ、疑問に思ったのは、同じ場所の行き来なのに、春が飛び抜けて多く、秋は春ほどではないという数の違いであった。そこらへんにロードキル数を減らすなんらかのヒントがあるのではないかと思い、事故多発地での現地調査を始めた。

カエルのスロープ

エゾアカガエルのロードキル対策のため、まずは事故の多発現場で直接観察をすることにした（秋沢・柳川 二〇〇〇、柳川ほか 二〇〇三b）。場所は大雪山国立公園内を通過する国道二七三号の上士幌町黒石平《くろいしだいら》で、ロードキルの調査時に多数のエゾアカガエルの事故を発見した地点である。最初にやったことは、まずはどれだけのカエルが、どの時期に、どのような状況で事故に遭っているのか、の把握である。そのために学生たちと「お好み焼き」をひっくり返すへラを持ち、ひたすら道路に張りついた

図 2-1　エゾアカガエルの抱接ペア（下が雌で上が雄）。この状態のものは、車道と歩道の 18 cm の段差を越えることがむずかしい。

カエルの死体を剝がして集めた。同時にカエルの道路横断の観察を目視と当時は八ミリビデオカメラで行った。

道路上で死亡しているカエルの多くは、雌の上に雄がおぶさった抱接ペア（図2―1）であった。事故が多発する道路の北側は南向きの斜面になる沢で、カエルたちの越冬場所である。四月下旬〜五月中旬にかけて、とくに暖かい雨の降る日などに多数のカエルが道路を横断して、南側にある繁殖のための池に移動する。道路の北側には付属の施設はないが、南側には歩道があり、車道との段差が一八センチメートルある。単独の個体であれば楽に越えられるこの一八センチメートルの壁が抱接ペアにとっては文字どおり致命的な障壁であった。壁を越えられないペアは道路を何度も引き返して車に轢かれたり、歩道沿いに延々と移動して乾燥して死んでしまう。ロ

図 2–2　歩道の段差をスロープにして、エゾアカガエルの横断を容易にした箇所（矢印）。

ードキル研究（柳川 二〇〇二）のときに疑問に思った、春の事故数が秋よりも圧倒的に多いのはこれが理由であったのだ。

原因がわかれば対策は立てられる。私と学生は国道を管理する北海道開発局帯広道路事務所に対策のお願いにいくことにした。正直なところ、カエルぐらいで対策を施してくれるのか？　怒られるんじゃないか？　という不安はあったが、死亡数などのデータと自分たちで考えたいくつかの対策案を心の支えにした。多少、後づけの理屈でもあったが、海外では路上の大量の死体や卵によるスリップで人身事故の例があること（Beebee 1996）、路上の死体を希少な猛禽類などが食べにきて二次的な事故に遭う可能性があることも付け加えた。じつは、この理由づけはのちのちけっこう効いて、路上のカエルを食べにくるシマフクロウの事故対策（齊藤 二〇〇二）で何度か相談を受けることになった。

ともあれ、いろいろと準備していったことが効を

表 2-1　エゾアカガエルの道路横断結果。

成功／失敗		単独個体	抱接ペア
道路横断成功			
	スロープを使って横断	17	42
	スロープを使わず横断	13	5
道路横断失敗			
	横断中に轢死	3	8
	越冬地までターン	5	7
	観察域外に	1	2
	合計	39	64

奏したのか、開発局の人たちとさっそく現場に行ってみましょうということになった。現場での話し合いの結果、まずはカエルが行き着く可能性の高い場所の歩道敷石を三カ所削ってスロープ状にしましょう、という案に落ち着いた（柳川ほか 二〇〇三b）。工事は速やかに行われ、カエルのためのスロープつき歩道ができあがった（図2-2）。喜びも束の間、次に私たちがやるべきことは、この対策をモニタリングして、その効果を検証することである。カエルの繁殖期に現場の道路に張りついて目視とビデオによる観察でスロープの効果を確かめた。その結果を表2-1に示す。

表2-1に現れているように、このスロープの効果はとくに抱接ペアのカエルに顕著で、スロープを利用して横断に成功する例が単独個体と比べて統計的にも有意に多かった（葦名・柳川 二〇〇六）。また、実際の死亡個体数も対策前には一日の調査で二〇〇～三〇〇の死体が拾えたが、対策後は多くとも八〇程度と大きく減少した（柳川ほか 二〇〇三b）。モニタリングの結果から、より外側を横断してくる個体も救うべく、敷石のスロープも二カ所増やされて五カ所になった。そして、このロードキル対策の効果はこの場所とカエルだけにとどまらず、この対策が縁で北海道開発局とはこの後、さまざまな動物のロ

ードキル対策やこの章の後半や以降の章などで述べる道路造成にともなう動物の保全策をいっしょに考えることにつながっていった。

ヒグマのパイプカルバート

札幌などと帯広を結ぶ高速道路の道東自動車道では、エゾシカなどの野生動物が多い地帯を通過する道路であるため、エゾシカ用に二・五メートルに嵩上げされた動物用フェンス（原 二〇二三a）をほぼ全線にわたって設置するなど、野生動物のロードキル対策が慎重になされている。また、ロードキル対策と道路による野生動物の生息地分断の解消のため、さまざまな動物用道路横断施設も配置されている。まだ名称が日本道路公団だったころの事前調査からこの道路にかかわっていたため、管理者名が東日本高速道路（ネクスコ東日本）に変わった道路供用後もその効果が気になっていた。とくに北海道に特徴的でたぶん他所には見られないヒグマ用道路横断施設（パイプカルバート）の紹介とともに、これらの道路横断施設のモニタリング結果（石村ほか 二〇一四、二〇一五）を示す。

道東自動車道のむかわ穂別《ほべつ》インターチェンジ付近ではヒグマの目撃情報が多く、高速道路内に侵入してロードキルが発生したため、ヒグマの横断用通路として道路下の盛土部分にパイプカルバートを設置した（図2-3上）。モニタリング調査によってヒグマによる利用も複数回確認されており（石村ほか二〇一四）（図2-3下）、その後付近でロードキルも起きていないことから、設置は有効であったと思われる。

道東自動車道には、そのほかにも野生動物が高速道路を横断する際に利用可能な施設が設置されてい

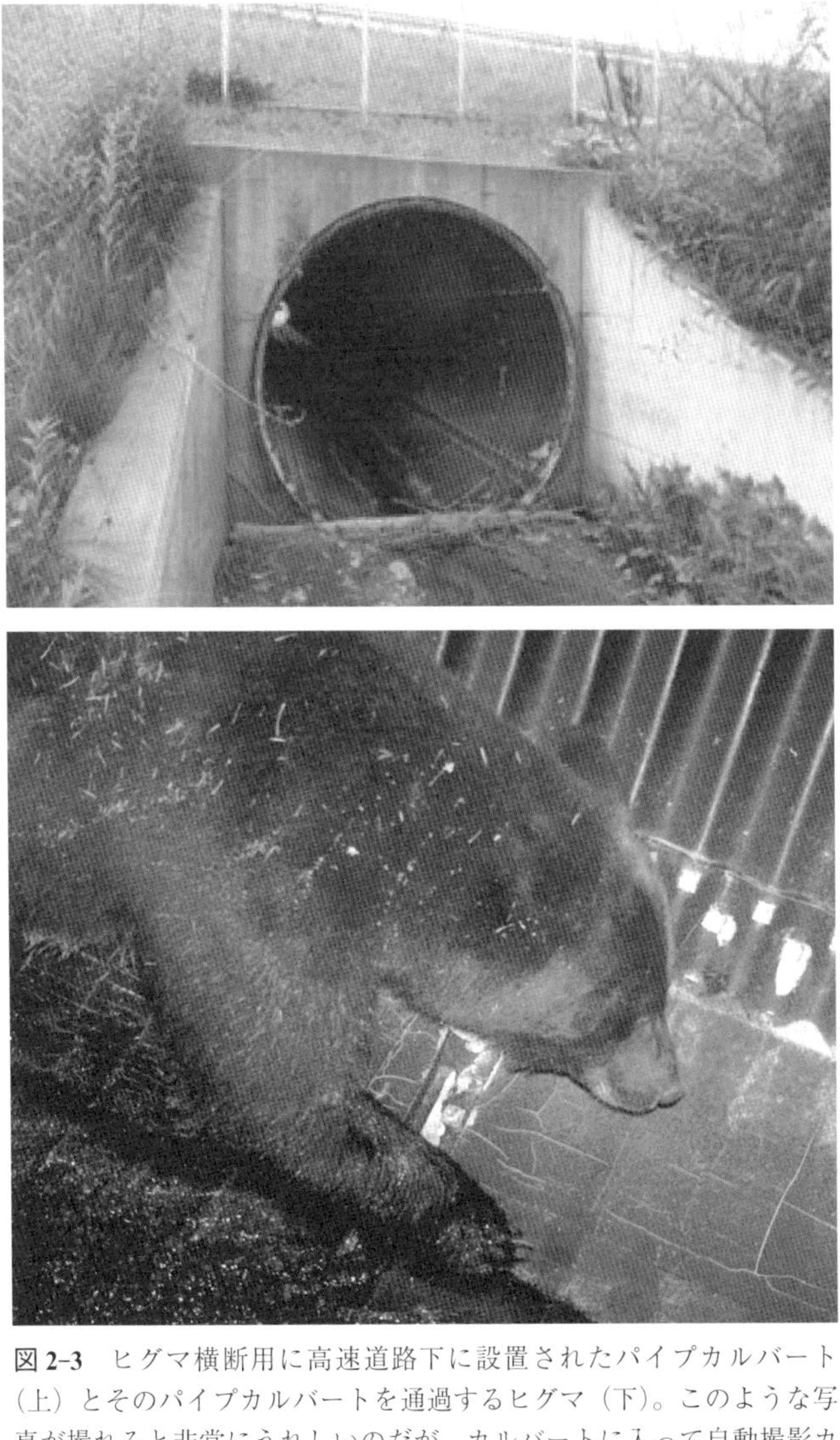

図 2-3　ヒグマ横断用に高速道路下に設置されたパイプカルバート（上）とそのパイプカルバートを通過するヒグマ（下）。このような写真が撮れると非常にうれしいのだが、カルバートに入って自動撮影カメラの電池やSDカードを交換するときはむちゃくちゃこわい。

表 2-2　道東自動車道における各種横断構造物のサイズ。

名称	長さ（m）	通路の幅（m）	高さ（m）
長流枝 BC	69.1	4.5	4.6
長流枝 OP	45.7	4.0	
パンケ UB	23.5	6.9	5.0
穂別 BC	65.0	8.0	2.9
穂別 PC	51.5	2.5	2.5

表 2-3　道東自動車道において各種道路横断構造物を利用した動物種。

種名	施設名				
	長流枝 BC	長流枝 OP	パンケ UB	穂別 BC	穂別 PC
エゾシカ	○	○	○	○	
ヒグマ		○			○
キタキツネ	○	○	○	○	○
エゾタヌキ	○	○	○	○	○
アライグマ			○	○	○
イヌ	○				
イエネコ		○			
ユキウサギ		○			
エゾリス	○				
ネズミ類	○			○	○
コウモリ類	○				
種数合計	7	6	4	5	5

る。それぞれの施設のサイズを表2-2に、その施設を利用した動物を表2-3に示した。先にあげたヒグマのパイプカルバート（表中では穂別PC）のほか、穂別（穂別BC）と長流枝《おさるし》（長流枝BC）の二カ所のボックスカルバート、長流枝オーバーパス（長流枝OP）、そしてパンケオタソイ川橋梁下（パンケUB）の五カ所でその施設周辺に生息する動物と実際にその施設を利用する動物の調査を行った（石村ほか 二〇一四、二〇一五）。

　それぞれの横断施設は四～七種の動物によって利用され

ていたが、キタキツネとエゾタヌキはすべての施設を利用していた。日本全国の動物用横断施設の調査（園田ほか 二〇一九）によると、キツネの道路横断施設の利用頻度は確認された動物のなかでもっとも高く、環境や設置場所の影響を受けずに利用されていた。同様に北海道の動物用横断施設利用のまとめ（浅利ほか 二〇一一）でも、キタキツネとエゾタヌキはボックスカルバート、パイプカルバート、橋梁下など多様な横断施設を利用していた。この二種類は北海道でもロードキルの多い種類であるが、普通種であり、ときに有害獣として駆除の対象となる動物でもあるので、積極的なロードキル対策がとられたことはほとんどない（添田ほか 二〇二一、塚田 二〇二二）。ただ、今回の結果からも道路の一定距離ごとに横断施設を設置することにより、ロードキルでむだに死んでゆく個体を減らせるであろう。

エゾシカも多くの横断施設を利用していたが、穂別PCのみ周辺では非常に多くのエゾシカが確認されているにもかかわらず利用はなかった。これは構造によるものと思われ、空間が狭く、円筒形のため床面が湾曲し、凹凸があるためシカにとって歩きづらい構造となっている（石村ほか 二〇一五）ためであろう。また、シカ類では「トンネル効果」（Openness Effect）と呼ばれる「断面の高さ×幅／延長」の数値が一以上の施設はよく使用されるが、〇・三五以下ではほとんど使用されないといわれている（原 二〇〇三）。この式で長流枝パイプカルバートの値を計算すると〇・一二となり、このこともエゾシカの利用のなかった理由であると思われた。この例はヒグマなどの動物は通してもよいが、エゾシカは通したくない場合の施設の参考になるであろう。

これらの横断構造物のうち、長流枝ボックスカルバートとオーバーパスでは二〇〇〇年にも利用動物の調査が行われており、その際にはオーバーパスの壁面に自然を模すために張りつけられた二つ割りの

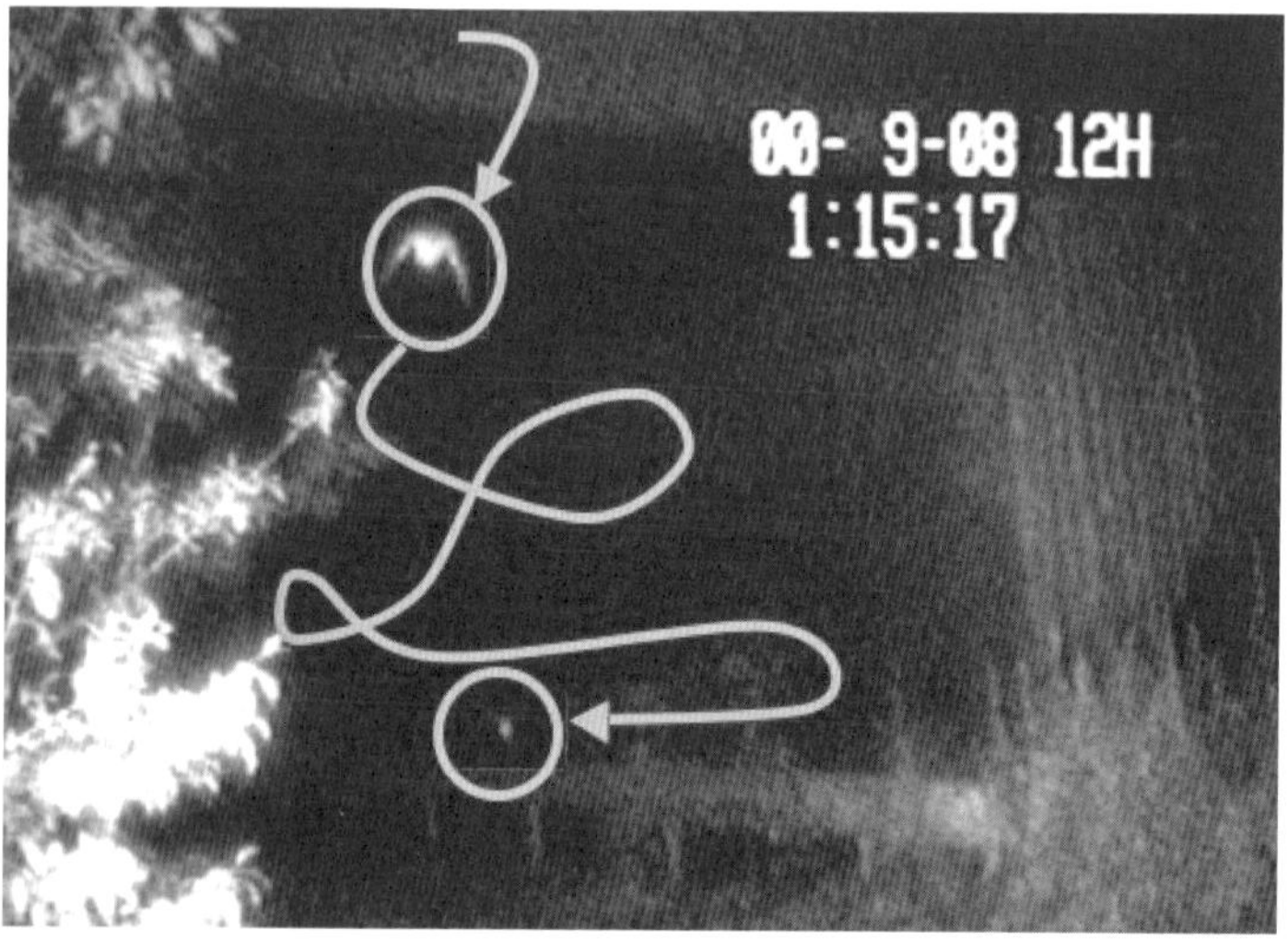

図 2-4　長流枝ボックスカルバート付近を旋回して、採餌飛翔するホオヒゲコウモリ。連続したビデオ映像のコマからコウモリを切り取って合成した図で、写っているコウモリは同一の個体。矢印は飛翔経路を示す。

カラマツの上を渡ってゆくシマリス（岡部ほか 二〇〇一）やボックスカルバート周辺で採餌するホオヒゲコウモリ（図2-4）など想定外の小型動物による利用が観察されている（柳川ほか 二〇〇一a、岡部ほか 二〇〇九）。これらの経験ものちにつくられる動物用横断施設の参考となり、とくに第3章で述べるコウモリ移動用カルバートへの提案につながっていく。

2　ロードエコロジー対策

コウモリ類の移・食・住を守る

たんにロードキル対策だけでなく、道路を含めた周辺環境の保全によって、道路が供用された後も野生動物の生息場としてその機能を保ち続けることが可能ではないか？　少な

図 2-5　調査地に繁殖コロニーがあったカグヤコウモリ。最初の個体が竹のなかから採集されたので「かぐや姫」にちなんで「かぐやこうもり」らしいが、私がこれまで扱ったホオヒゲコウモリ属のなかでは一番気が強く、騒々しい。

くともそれを目指して、保全事業に取り組んでいる。ここでは高規格幹線道路（一般国道自動車専用道路）帯広-広尾自動車道の十勝管内芽室町北伏古《めむろちょうきたふしこ》で行ったコウモリ類への総合的な保全対策について紹介する。

じつは、この場所は一農家の庭の小さな屋敷林である。そこには湧水によってできた小さな流れと池があり、広大な農地に周辺を囲まれたオアシスのような場所であった。この場所の保全の予備調査にコウモリ調査を依頼され、捕獲と調査用巣箱の設置を行った（柳川ほか 二〇〇一b、二〇〇三c）。その結果、八種類のコウモリ類が確認された。さほど広くない一農家の庭で、である。しかもそのほとんどが、環境省のレッドデータブックで当時、危急種、希少種とされていた。

確認された種のうち、カグヤコウモリ（図2-5）は庭の樹木の樹洞に繁殖コロニーがあった。ドーベントンコウモリ、キタクビワコウモリ、ヤマコウモリ、ウサギコウモリは敷地内での繁殖はないが、妊娠個体や授乳中個体の捕獲により付近で繁殖しており、この庭には採餌のために訪れていた。モモジロコウモリ、ヒメホオヒゲコウモリ、ヒナコウモリ（以降、各種の「コウモリ」を省略）は春・秋の移動中に一時的に滞在した個体で、これらもこの庭で餌をとっていた。また、ヒナとウサギでは巣箱の利用も確認された。

さて、種類となんのためにこの場所にいるのか、がわかった段階でどんな保全対策をとればよいのかは決まってくる。この対策にかかわったころから、その場所で確認された動物がなんらかの改変後もそこで生きてゆくためには、その動物がいた理由をなくさなければよい、というあたりまえといえばあたりまえの理屈でものごとを考えるようになっていた。動物のいる理由はおおまかに分類すると「移」「食」「住」であると思う。「食」と「住」は人間といっしょ、「い」だけは動物は自前で「衣」がまかなえるので、移動の「移」。安全で使いやすい移動経路の確保、である。ちなみに詳細な道路設計図を見せられたときは、思わず「うわあ」と声が出るくらい最悪のコースで道路がこの庭を通ることになっていたので、まずなにをすべきかをコウモリ類にとっての「移」「食」「住」の三つの観点から考えた。

まずは「移」の確保。道路で分断される池の間のコウモリ類の移動をどうするか？　これは道路の下にカルバートを通せば可能である。どうせカルバートをつくるなら、コウモリ類だけでなく、「水の流れ」まで通せないか？　ただの流れではなく、地下から湧いて出てくる湧水の流れである。既存のボックスカルバートで地面を埋めてしまっては湧水が活かせない、ということで地面を埋めない特殊な「門型カルバート」で湧水の流れ自体を通すことにした。これで失われる水面の面積も減らすことができ、

図 2-6　門型カルバートとそのなかを流れる湧水の小川。

コウモリ類の「移」も確保できる（図2-6）。

次は「食」である。これは失われる水場の面積を最小限に抑えつつ、新たにコウモリ類が採餌できる人造池を道路に沿って掘ることで解決を試みた。この道路は高規格道路であるので、地上約六メートルの位置にある。通常であれば道路の両側に台形に土を盛る盛土によってつくられるが、この庭部分では失われる池の面積を最小限にするために、コンクリート製の垂直補強土壁を用いて裾野の部分をなくした（図2-7）。また通常、工事は道路の両側から行われるが、影響を最小限にとどめるため工事を片側からのみ行った。

最後に「住」であるが、樹洞のある樹木は先に述べた補強土壁を用いることで失われずにすんだ。ただ、供用後の車の通過による振動によって道路付近の樹洞は使われなくなる可能性も想定されたため、代替え用のコウモリ用巣箱

図 2–7　垂直補強土壁でつくられた高規格道路とその周囲の bat box。

（bat box）も設置した。巣箱は雨風の防げる門型カルバート内にも設置した。もっともその後、大型車の行き来する橋梁（赤坂ほか 二〇〇七）や新幹線の高架（重昆ほか 二〇一三）など振動のある場所を日中のねぐらとしているコウモリ類の報告が多く見られるようになったため、この配慮はいらぬ心配だったかもしれない。

さて、実施可能な数々の保全策を施したのち、ほとんどがオリジナルの対策であることもあり、その効果があったかどうか？　を何年かにわたって自主的にモニタリングしてみた。まずは「移」について。カルバートはコウモリ類の通路として十分に機能しており、捕獲によりカグヤ、ドーベントン、キタクビワの利用が確認できた（柳川ほか 二〇〇四b）ため、「移」の対策に関しては○でよいと思う。とくに門型カルバートは大正解で、湧水が活かされたため、希少な水生植物やニホンザリガニなどのこの庭の小さな生態系全体の保全に役立った。

次に「食」の対策であるが、これは評価すると△くらい。水面の面積の減少を抑えたことは正解で、その後もその場所はコウモリ類の餌場として機能した。問題は新しく掘った造成池で、こちらは残念ながらコウモリの餌場にはならなかった。理由はいろいろと考えられるが、一つは造成池の形状で、道路に沿った細長い池の形状がコウモリ類の採餌にとって不向きだったのかもしれない。おまけに造成後に抽水植物が繁茂することによって、池の水面がより細長くなってしまい、環境面で考えるとけっして悪いことではないのだが、コウモリにとっては利用しづらくなってしまった。ただ、植物が茂ったことなどにより、この造成池の生物多様性が増し、昆虫の発生量は増加したため、餌をとる場所としては不向きだったが、餌の供給源としては機能した（谷崎ほか 二〇〇三）、ということで△の評価としたい。

最後に「住」の対策であるが、これには正直◎をつけたいくらいうれしいことがあった。道路が供用になって一〇年経って、雑誌の取材（家入 二〇一二）で久しぶりにこの地を訪れたとき、門型カルバート内のコウモリ用巣箱に利用の痕跡が認められた。そこで、その年と翌年の夏に巣箱の利用状況を調査した結果、カグヤとキタクビワの繁殖コロニーによる巣箱の利用が確認された。とくにカグヤは、二〇〇二年の調査の際にリングをつけ標識した個体が何頭も二〇一二、二〇一三年の調査時に再捕獲された。この集団は道路供用後も一〇年以上この地で繁殖を続けていてくれたのである。また、この巣箱は春（五月）に移動途中のモモジロとドーベントンの混群にも利用されており、非常に利用頻度が高かった（高田ほか 二〇一四）。

点から線、線から面へ

いくつかの事例を経験して、たとえばロードキル対策では、従来は事故地点として「点」で考えていた対策を、人の道路と動物の通り道のそれぞれの「線」が交わる点で起こる事故と考え、ただフェンスなどで防ぐだけでなく、人の道路も守り、動物の移動経路も保てないかと考えるようになった。また保全対策でも、動物を通すことによってそこで暮らす人間の生活や生産が脅かされることになっては新たな問題を生むことになる。野生動物と周囲で生活・生産を営む人間との関係、とくに軋轢が生ずる場合にはその解消も考慮に入れなければ、根本的な問題の解決にはならないということがわかってきた。ここでは、十勝地方で多いキタキツネのロードキルを面で考えた研究例と高規格道路の造成の際にエゾシカなどの通り道を確保しつつ、周囲の農地にも配慮した対策について紹介する。

まずはキタキツネのロードキルに関する研究であるが、この研究では第1節の例のように事故の現場からロードキルの個体を集めたもの（柳川 二〇〇二）ではなく、北海道開発局が収集した二〇〇〇～二〇〇九年まで一〇年間の十勝管内のロードキルデータを使用した。開発局では国道のパトロール時に動物の事故死体を見つけた場合に回収し、回収位置や日時を記録している。今回はそのデータでキタキツネの事故発生数が道路の交通量や周辺の景観構造、そしてエゾシカの駆除・狩猟という餌事情にかかわる事象から受ける影響を検討した。

全期間を通じてロードキルに遭ったキタキツネは五九六個体であった。キツネの繁殖生態をもとに、一年間を子の出産から育児までの産子・育児期（三～八月）と子の分散から交尾までの分散・交尾期

（九～一一月）の二シーズンに分け（浦口 二〇〇四）、それぞれのロードキル発生数と平均交通量、国道を二キロメートルごとに区切ったトランセクトで半径一キロメートルのバッファー内の土地利用の面積率（市街地、草地、農耕地、森林）、景観の多様度、シカ平均駆除数、平均狩猟数、シカの平均生息密度指標との関係を調べた（西尾ほか 二〇一三）。

その結果、産子・育児期の事故数は三四八件で、草地が多く分布する場所ほど多く、またシカ狩猟数が多い場所ほど増加した。ロードキル数は交通量とともに増加するが、ある一定の交通量を超えると減少した。一方、分散・交尾期の事故数は二四八件で、ロードキル発生数は道路周辺の景観の多様度指数が高いほど、またシカの平均生息密度指標が少ないほど増加した（西尾ほか 二〇一二）。

この研究は新しく赴任した助教の先生とその指導する学生が中心となってまとめたもので、私もその仕事に加わらせてもらって多くの新しいことを学ぶことができた。なにより、漠然と面で考えていたことが地理情報システム（GIS）というツールを使うことによって、具体的に数量化され、見える化できることが新鮮だった。それ以降、GISはロードキルなど、広域で考えなければいけない仕事では欠かせないものとなった。また、ロードキルデータやシカ狩猟数などの既存のデータが事故対策のための応用的研究だけでなく、調査のむずかしい野生動物の生態解明や生態に関する新たな仮説の発見といった基礎的研究に活用できることも知り、目から鱗の経験だった。

さて、キタキツネのロードキル研究などでデータをお借りしてお世話になっている以上、なにか開発局側からの問い合せがあったら、それにお応えしなければならない。現在（二〇二四年）でも延伸中の高規格幹線道路が更別《さらべつ》村を通過するあたりで、そのことが現実化した。現場は切土で周辺よりも低い位置で道路が通過する場所であったが、沢すじを頻繁にエゾシカが横断していた。このままこの場所に道路をつくればエゾシカのロードキルが多発するだろうし、フェンスなどでシカの進入を防げば、事故は減らせるだろうが移動を阻まれたシカがどこに出現するかわからない。「道路ができたから、今までシカがこなかったうちの畑にシカが出るようになった」なんてことになるとたいへんである。

そこで、これまでどおりの経路でシカを通して、なおかつ事故の起こらない方法を考えることとした。先にも書いたように、道路はまわりよりも低い位置を通過するので、通常のように道路の下にボックスカルバートなどを設置して、動物を通すのは物理的に不可能である。そこでボックスカルバートを道路の上に、道路と垂直方向に二つ設置して車はそこを通し、そのボックスカルバートの上をシカに渡らせよう、ということになった（図2-8上）。ちょっとした逆転の発想である。そしてシカの通り道に沿って超えられない高さのフェンスを設置し、つまり「ここだけを通して、ここ以外には行けない」構造とした。当初の予定どおり、シカはこの新しい通路を頻繁に利用してくれ（浅利・洲鎌 二〇一九）（図2-8下）、ロードキルの発生やシカが周辺の畑や牧草地に出没するようになったとの報告も受けていないので、うまくいっているかな、とほっとしている。

図 2-8　十勝管内更別村のカルバートを２つ並べてつくったオーバーパス（上）とオーバーパスを利用するエゾシカ（下）。後ろにももう１頭。（下の写真の提供：浅利裕伸氏）

第3章
野生動物の通り道

日本最大の食糧基地として四〇〇万人分の食糧を生産する北海道十勝地方の豊かな土地は、多くの野生動物が暮らしている大地でもある。農畜産業がさかんな十勝中央部では開拓以前の森林がほとんど失われてしまったが、わずかに残る防風林と河畔林のネットワークには驚くほど多様な野生動物が息づいている。生物の多様性を保つ動脈となるこのネットワークは、同時に人の生活・生産圏に有害獣を導く通り道でもある。どうすれば、人の生活・生産と野生動物の多様性を守ることができるのだろうか？

1　防風林と動物

防風林とコウモリ

ひとくちに防風林といっても、北海道と各市町村が管理する林帯幅が数十メートルから一〇〇メートルにおよぶ幹線防風林（基幹防風林、防風保安林とも呼ばれる）から農家が独自に植えたカラマツやシラカンバなどの一、二列の並木からなる耕地防風林までさまざま（紺野ほか 二〇一六）で、これらの防風林の格子状のネットワークは動物の移動経路として重要であるが、ここで扱う防風林は文中でことわらない限り幹線防風林のことである。幹線、耕地いずれの防風林もトラクターなどの大型機械の支障になったり、農地の大規模化にじゃまであるなどの理由で幅が狭くなったり、並木が伐採される傾向にある。一方で、格子状の防風林は景観面で北海道を代表する風景の一つであり、文化、観光、教育への利用とともに生物多様性の維持や生態系サービス機能も注目され始め、一部は「北海道遺産」にも指定されている（紺野ほか 二〇一六）。

私が最初に防風林を利用する動物の保全対策に直接かかわったのは、またもコウモリ類からであった。第2章の芽室町北伏古《めむろちょうきたふしこ》のコウモリの保全対策の後、その高規格道路は帯広市、中札内村《なかさつないむら》へと工事が進み、その路線がいくつもの防風林とほぼ垂直に交差することになった。コウモリ類が防風林を利用していることはそれ以前からの研究（中島・石井 二〇〇五、石井ほか 二〇〇八）によって知っていたので、ま

表 3-1　防風林で捕獲されたコウモリ類とそこに設置したカルバートを利用したコウモリ類。

種名／防風林名	帯広大正 10 号	帯広大正 17 号	中札内新生 30 号	中札内協和 35 号
モモジロコウモリ	○◎		○◎	◎
ドーベントンコウモリ	○◎	○◎	○◎	○
ホオヒゲコウモリ	○◎	○◎	○◎	
ヒメホオヒゲコウモリ		◎	○◎	
カグヤコウモリ	○◎	○◎	○◎	◎
キタクビワコウモリ	○	○		◎
ヤマコウモリ		○		
ヒナコウモリ	○			
ウサギコウモリ	○◎	○◎	○◎	○
テングコウモリ		○◎	○◎	
コテングコウモリ	○◎		○◎	

表中の○は防風林で捕獲されたことを示し、◎はカルバートの利用（通過）が確認されたことを示している。なお、中札内協和 35 号カルバートは車が通過できるカルバートのため、安全のため捕獲調査は行っておらず、利用確認種はカルバート内に設置した bat box の利用が確認された種類である。柳川ほか（2006a, b）、立神ほか（2007）、谷﨑ほか（2009）、佐々木ほか（2011）より作成。

ずはそれぞれの防風林でどんな種が防風林をどう利用しているのかを調査した。

その結果、それぞれの防風林で微妙に構成種は違うが、全部で一一種類のコウモリ類が記録された（柳川ほか 二〇〇六a、二〇〇九）（表3―1）。ある防風林に仕かけた捕獲用のかすみ網では一度に五〇頭を超えるドーベントンコウモリ（図3―1）とホオヒゲコウモリがあれよあれよという間に網にかかり、データをとっているどころではなくなって、とにかく網から外してやることに終始した。捕獲される種類は違うが、どこの防風林でも同じような結果で、結論としてどの防風林も集団での移動のための通路として利用されていることがわかった。

そうなると、まずはこれまでどおりコウモリを安全に通してやること、つまり前の章で述べた「移」の確保を考えればよい。防風林

図 3-1　出産後まもないと思われる子を腹につけたドーベントンコウモリ。この状態で飛んでいて、かすみ網で捕獲された。

と垂直にクロスする道路は高規格道路なので、高さ六メートルの盛土の上に道路ができる。ということは、これまでどおり防風林を通ってきたコウモリは急に六メートルの壁に直面することになる。コウモリは飛ぶことができるので、その壁を飛び越えていくこともできるが、第2章のカエルのように壁に沿って横にそれてしまうことも考えられる。また、少数ではあろうが、壁を越えたコウモリが走行車と衝突したり、巻き込まれる可能性もある。これまでにコウモリのロードキルも一六例報告されている（柳川ほか 二〇〇三a）。

そこで出た結論は、ちょっと言葉は乱暴だけど「盛土の壁をブチ抜いてコウモリを通そう」であった。ではどのくらいの高さで、どのくらいの幅があればコウモリは通るのか？　これは、防風林を移動してくるコウモリの飛ぶ高さや群れの幅を見れば対応可能である。結果として高さは四メートルあれば十分、幅はそれほど考慮する必要はないということで二・五メートルになった。そこで前の芽室町北伏古での例に続き、ここでも専用のやや縦長オリジナルサイズのカルバートをつくって、コウモリ類を通すことになった。

ちなみに四カ所つくられたこのコウモリ通過用カルバートには場所ごとにいろいろな付属物があり、たとえば帯広大正10号カルバートでは農家のおじさんに「コウモリは通していいけど、シカは通さないでね」といわれたので、蹄《ひづめ》がはまってシカが歩きにくい「テキサスゲート」（原 二〇一三a、原・若菜 二〇〇二）の応用で丸太を並べてシカをブロックしている（図3-2）。また、中札内村の二カ所のカルバートはコウモリ類だけでなく、エゾリスやエゾモモンガ、クロテンまで通すために、樹上性動物用のパス（横断施設）を丸太組みで設置した（図3-3）。同じ丸太も使いようによって、シカは通さず、リス、モモンガ、クロテンはパスを使ってくれ（小野・柳川 二〇一〇、佐々木ほか 二〇一一、柳川 二〇一三b）、試みはほぼうまくいっていたのだが、招かざる客のヒグマまで通ってしまい、それ以降クマ避けに鋼鉄のフェンスを設置することになった。

肝心のコウモリの通過は？ ということであるが、四カ所のコウモリ用カルバートで何年かにわたってモニタリングを行い（柳川ほか 二〇〇六b、立神ほか 二〇〇七、谷﨑ほか 二〇〇九、小野・柳川 二〇一〇、佐々木ほか 二〇一二）、表3-1のようにコウモリ類の利用を確認している。利用個体数も多く、ほぼ道路建設前と同じように通過してくれているようで、大正10号カルバートで暗視カメラを用いて通過数をカウントした結果、八月には平均して一晩のべ一四三個体、最大で六〇七個体の出入りを記録した（柳川ほか 二〇〇六b）。

図 3-2　エゾシカ避けの丸太を敷き詰めたコウモリ用カルバート（帯広大正 10 号）。

図 3-3　丸太組みのエゾリス、エゾモモンガ、クロテンなど樹上性動物用パス（横断施設）を備えたコウモリ用カルバート（中札内新生 30 号）。

防風林と猛禽類

農耕地のなかに存在する限られた緑地として、防風林は猛禽類にとっても重要である。十勝地方の防風林では、オオタカ、ハイタカ、ノスリ、トビ、チゴハヤブサなどの猛禽類が繁殖している。これらの猛禽類は競合者（ライバル）の立場となったり、ときには被食者-捕食者の関係であったりしながら、限られた資源である防風林で生き抜き、子孫を育てている。最初に防風林で繁殖する猛禽として興味を持ったのは同じ属の近縁種で、ともに鳥類をおもな餌としながら、体の大きさの違いから捕食者（オオタカ）と被食者（ハイタカ）にもなる二種の関係であった。

この二種のタカはいずれも環境省、北海道のレッドリストで準絶滅危惧種に指定されている。オオタカはカラス大で、北海道では平地から低山の林で繁殖し、十勝地方ではとくにカラマツの人工林を好んでいる（平井ほか 二〇〇八、平井・柳川 二〇一〇）。繁殖の時期は、抱卵が始まるのが四月上旬から五月下旬、ヒナの巣立ちは七月上旬から下旬が多い（図3-4）（北海道猛禽類研究会 二〇一一）。ハイタカはハト大のタカで、北海道では平地から山地の林で繁殖し、カラマツ林や常緑針葉樹林の比較的若い人工林を好んでいる（平井ほか 二〇〇八、平井・柳川 二〇一二）。繁殖の時期はオオタカよりやや遅く、抱卵が始まるのは五月上旬から六月上旬にかけてで、ヒナの巣立ちはおもに七月中旬から八月上旬にかけてである（図3-5）（北海道猛禽類研究会 二〇一一）。

ハイタカもオオタカも同所的に十勝地方の防風林で繁殖するが、この二種が繁殖する営巣木とその周辺の環境は微妙に異なっている（平井ほか 二〇〇八）。オオタカとハイタカの営巣する木とその周辺の

図 3-4　抱卵中（上）とヒナに餌をやる（下）オオタカ。（自動撮影、提供：嘉藤慎譲氏・株式会社地域環境計画）

図 3–5　抱卵中（上）とヒナに餌をやる（下）ハイタカ。（自動撮影、提供：嘉藤慎譲氏・株式会社地域環境計画）

表 3-2 オオタカ、ハイタカ、ノスリの営巣木とその周辺の環境。

	オオタカ（17 巣）	ハイタカ（16 巣）	ノスリ（12 巣）
営巣木			
胸高直径（平均 cm）	38.6	28.9	31.6
樹高（平均 m）	25.5	19.2	20.8
営巣木周辺の環境			
立木密度（本／ha）	523.5	940.0	594.2

平井ほか（2008）、平井・柳川（2010）より作成。

環境を表3-2に示す。胸高直径や立木密度など少しむずかしい専門用語もあるが、要はオオタカが体も大きく、巣も大きいので、その巣を支えるために営巣する木がハイタカの営巣する木よりも太くて樹高も高い。また、オオタカの営巣木周辺の木の密度が低く、比較的すいているのに比べ、ハイタカの営巣木周辺は高密度である。これは狭い空間を飛ぶことのうまいハイタカが、巣を襲うオオタカなどの捕食者から巣を守るためであると考えられる（平井・柳川 二〇一二）。

最近、この二者の関係にノスリも入り込んできて、三つ巴の関係になってきている。ノスリはオオタカとほぼ同じ大きさであるが、おもな餌はネズミ類などの小型哺乳類で、餌をめぐる競合はそれほど深刻ではないだろう。問題は体の大きさがほぼオオタカと同じノスリが、同じような営巣環境を好むことにある（表3-2）。十勝地方ではノスリはカシワ林での繁殖が多かったが（米川ほか 一九九五）、カシワ林の減少した農耕地ではカラマツ林を選択し（岩見・川辺 二〇〇六、平井・柳川 二〇一三）、同じような環境のカラマツ林を営巣場所として好むオオタカとの間に競合が生じている。また、ノスリはオオタカなどの古巣を好んで営巣に利用している（平井・柳川 二〇一三）。

十勝地方での最近のオオタカ、ハイタカ、ノスリの営巣数の年変動を

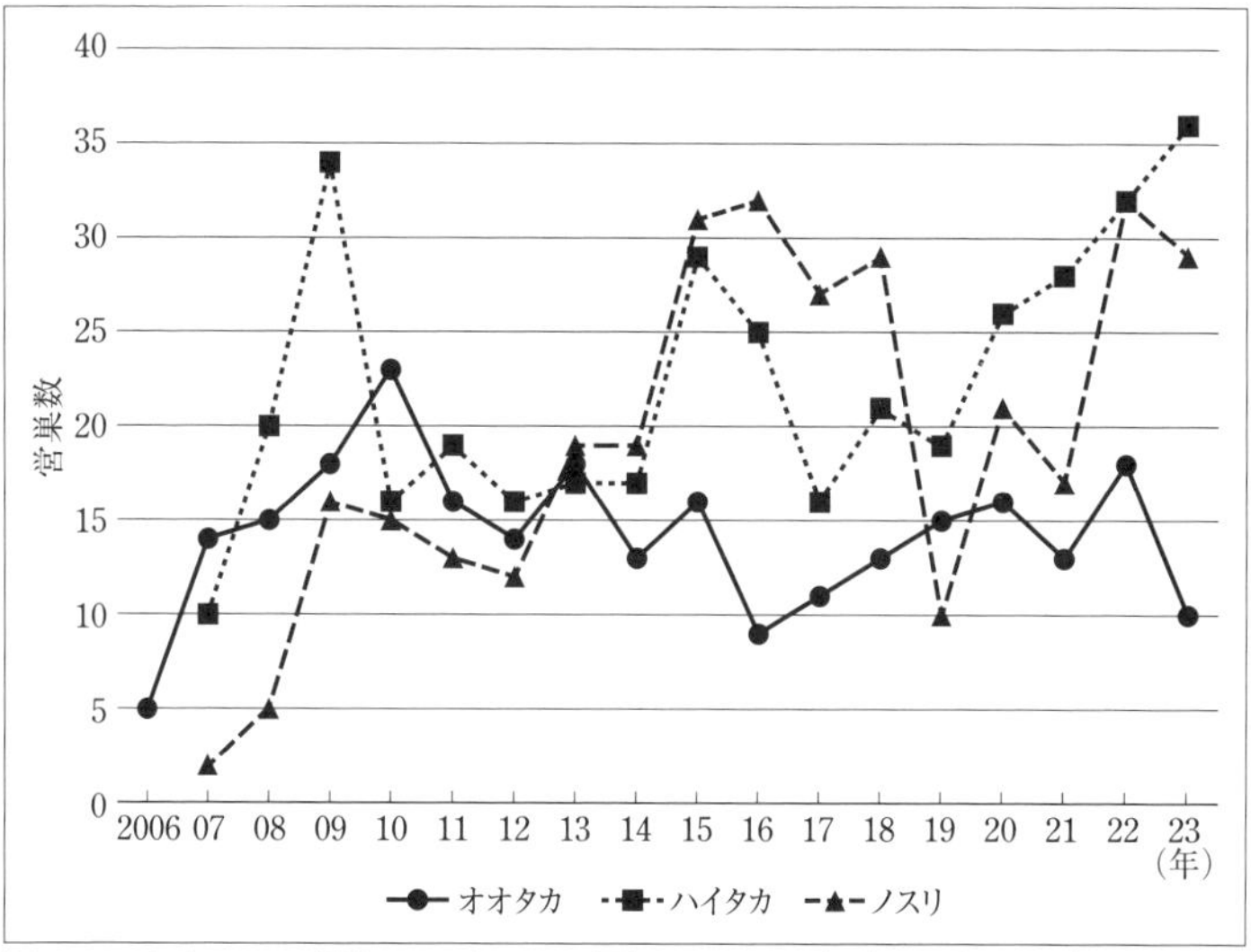

図 3-6　オオタカ（●）、ハイタカ（■）、ノスリ（▲）の十勝地方での営巣数の年変動。

見ると、オオタカは大きな変動はないが、やや減少傾向、ハイタカは増えたり減ったりを繰り返し、ノスリは増加傾向を示している（図3-6）。実際、わが家のすぐそばに、かつて毎年のようにオオタカが繁殖している林があったのだが、最近そこはノスリの巣に置き換わった。ノスリは普通種で、保護の必要があるとされている種類ではないし、それがオオタカにとって代わるのは望ましいことではないかもしれない。ただ、明らかに人為的影響でそうなったのでなければ、彼らの関係に人間が介入することはためらわれる。けっきょく今のところは状況を注視しながら、この三種のタカが生きていける環境を保つことを心がけるしかない状況である。

また、もう一つ心配していることがあって、最近各種の猛禽類の巣の近くに自動撮影カメラを設置してその繁殖状況をモニタリングする研究で、彼らの巣をアライグマ、クロテン、クマ

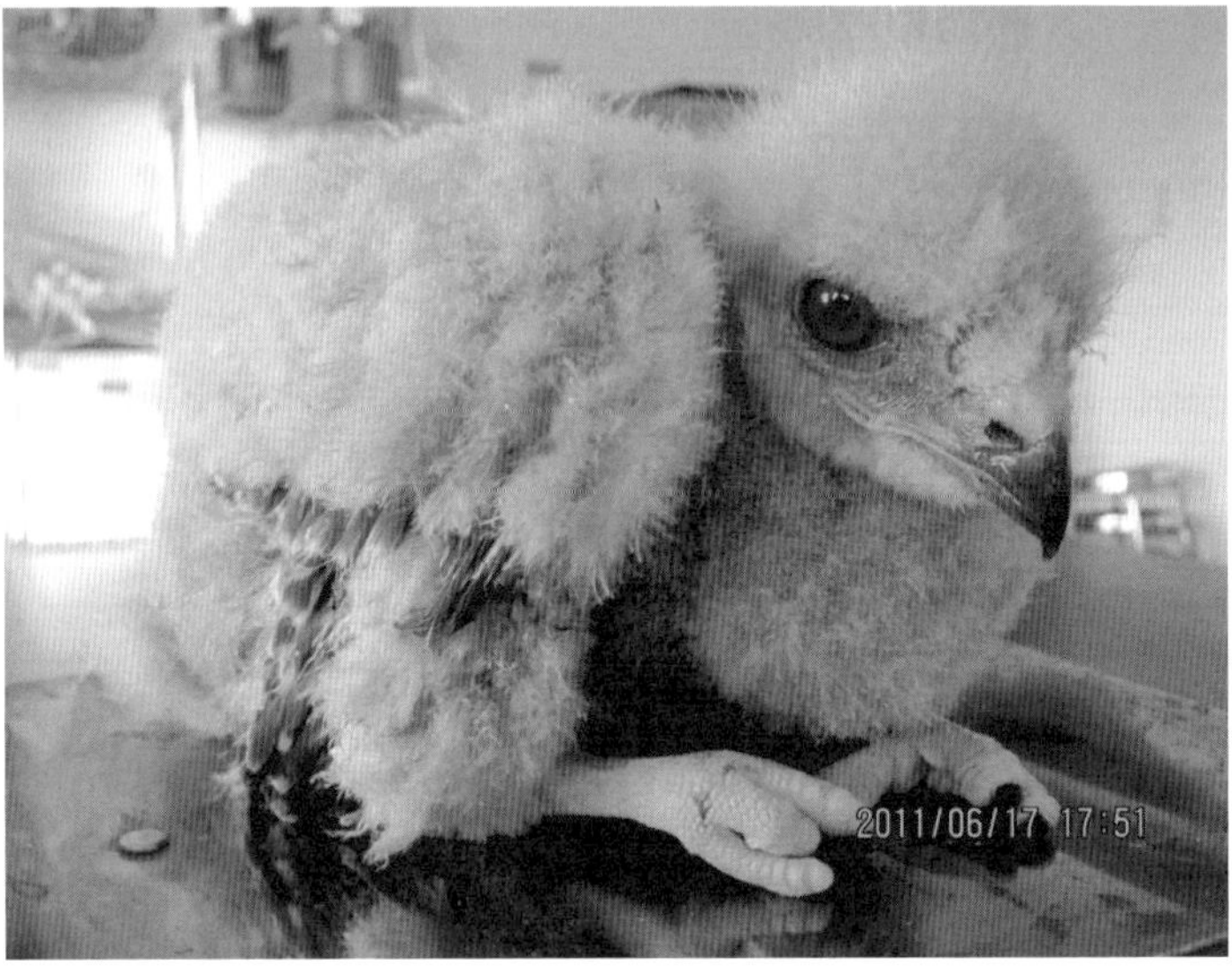

図 3–7　なんらかの捕食者に襲われて巣から落ちて保護されたノスリのヒナ。

タカ、オジロワシなどの捕食者が訪れていることが事実として確認された（嘉藤ほか 二〇一一）。実際に、これまでもなんらかの捕食者に襲われた巣の生き残りのノスリのヒナ（図3–7）や、やはり捕食者に襲われて巣から落ちたハイタカのヒナを育てた経験がある。自然状態での天敵に巣が襲われることは、人間が介入すべきことではないと思うが（といいつつ巣から落ちたヒナを育ててしまったが）、アライグマのような人間が持ち込んだ動物による捕食は防いでやるべきだと思う。

2　河畔林と動物

河畔林と生物の多様性

防風林とともに、河畔林は市街地から農耕地にかけて残された貴重な緑のネットワークである。たとえば、帯広市は市街地が四〇八〇ヘクタール（七パーセント）、農耕地が三万九二四ヘクタール（五〇パーセント）、標高三〇〇メートル以上の山地が二万六八九〇ヘクタール（四三パーセント）であるが、ここ一〇〇年の間にかつてそれぞれ七五パーセントと九五パーセントあった市街地と農耕地の緑地面積が、三パーセントと五パーセントにまで減少した（Konno 2002）。河畔林は市街地や農耕地に生息する動物の生物多様性を維持するうえで欠くことのできない存在であり、そこをいろいろな動物が利用・通過していることは十分想定されたので、二〇〇〇年代の初めごろから流行り始めた自動撮影カメラを用いて、その実態を調べてみた。

まずは私たちの大学から一番身近で、手ごろな帯広川の市街地域と農耕地域の河畔林に一一台の自動撮影カメラを設置して、そこを通過する動物を記録した。その結果、二〇〇四年六〜一〇月までの五カ月間で、種が識別できない小型のネズミ類、トガリネズミ類、コウモリ類をのぞき、一一種類の哺乳類が確認された。エゾリス、シマリスのリス類とエゾシカをのぞく残りの八種はすべて食肉目であった。しかし、それらのうち北海道土着種はイイズナ（図3-8）、クロテン（章扉の写真）、キタキツネの三種のみで、残りはニホンイタチ、アメリカミンク、アライグマ、イエネコ、ノイヌとすべて人が持ち込んだ移入種であった。このときの調査では記録されなかったが、最近になってエゾタヌキとヒグマも記録され、土着種と移入種の比率は五対五になったが、この結果はわれわれに非常に複雑な思いをもたらした。多様性が高いといっても、これだけ移入種・外来種の多いことは問題だと思う。一方で、それらも含めてこれだけの動物が長期にわたって生き残っていける環境のキャパシティの大きさには正直いってすごいなと、感心もしてしまった。

図 3-8　帯広川の河畔林で見られる土着の食肉類で最小のイイズナ。（提供：アークコーポレーション）

さて、その次の段階として今度は河畔林やそれに隣接する小面積の残存林、防風林のネットワークを利用する動物を調べるため、先ほどの帯広川よりも自然度の高い戸蔦別《とったべつ》川の河畔林とその周辺の残存林、防風林に二〇〇七年五～一〇月まで自動撮影カメラを設置して、それぞれの林を通過する動物を記録した（吉岡・柳川 二〇〇八）。自然度が高いといっても、じつはカメラを設置したのは一農家さんの畑の周辺で、その農家さんいわく「ここらへん、クマとシカしかいないよ」ということだったが、まあ「それだけいれば十分です」ということで、そこで調査をさせてもらった。その結果を表3-3に示す（吉岡・柳川 二〇〇八）。

表3-3の連結防風林とは河畔林とつながった防風林、孤立防風林はその連結防風

表 3-3　それぞれの林における撮影頻度（100 カメラ日あたりの撮影枚数）。

	河畔林	隣接残存林	連結防風林	孤立防風林
キタキツネ	1.7	0.2	2.1	11.8
エゾシカ	3.2	4.9	3.2	0.6
ヒグマ	0.2	0.4	−	0.2
ユキウサギ	−	2.0	−	−
クロテン	−	0.4	0.5	−
アライグマ	−	−	−	0.3
エゾリス	−	0.2	−	−
ネズミ類	−	−	1.1	0.4
コウモリ類	3.8	1.3	2.6	5.3
多様度指数	1.14	1.68	1.32	0.56

吉岡・柳川（2008）より作成。

林から五・五キロメートル離れた河畔林と接していない防風林である。どの林も構成する動物種には大きな違いはなく、種が判別できないネズミ、コウモリ類をのぞくと三〜六種の動物が記録されたが、多様性の指標であるシャノン-ウィナー（Shannon-Wiener）の多様度指数を計算すると、河畔林に隣接した残存林がもっとも高く、孤立した防風林がもっとも低い結果となった。これはおもに孤立防風林での記録が単一の種（キタキツネ）に偏ったせいであるが、やはり生物の多様性を保つためには河畔林と防風林などのネットワークがつながっていることが重要であると思われた（吉岡・柳川 二〇〇八）。

クマ・シカ・キツネの通り道

河畔林が多様な動物によって、少なくとも移動のために使われていること、またその河畔林と防風林などがつながることが多様性を保つために必要であることはわかったのであるが、それらの林で記録された動物種を見ると、とても調査に協力してくれた農家さんたちに「こんなにクマ、シカ、キツネにアライグマまで通っていて、生物多様性が……」などといえたものではなかった。さすがに、人家のすぐ裏の河畔林で二頭の子連れのヒグマが写ったときは、危険だと思いお知らせしたが、それも先刻ご存じだった。野生動物の管理という観点から見れば、河畔林や防風林の存在は、生物多様性の維持というプラス面だけでなく、害獣や移入種・外来種の通り道であるというマイナス面の評価もしなければいけない。それらをトータルで把握して、河畔林や防風林の管理をどうしていくかを考えてゆく必要があると思う（柳川 二〇一五）。

そこでまずは、もう一度原点に立ち戻り、これまでより広いスケールで、数年の時間をかけて、ヒグマ、エゾシカ、キタキツネの移動を追ってみることにした。広大な農耕地が広がる十勝地方中部には一級河川の十勝川、札内川をはじめ十勝川水系の多くの支流が走り、それらが生きものたちの命をつなぐ動脈のような働きをしている。それぞれの河川に五キロメートル間隔で三七台の自動撮影カメラを設置して、河畔林の利用状況をモニタリングした（図3-9）。ちなみに、カメラはなるべく流れの近くに設置したため、期間中何度もあった増水で水没したり流されたりで、失ったカメラ数は四〇台を超し、そのたびに（泣く泣く）カメラを買い足して補充しなければならなかった。

先にあげた害獣（となりうる動物）のうち、まずは撮影枚数の多かったエゾシカとキタキツネで、第2章のキタキツネのロードキルの解析（西尾ほか 二〇一二）とほぼ同じような手法で河畔林の利用頻度とそれに関係する要因を調べてみた。それぞれの動物の撮影頻度を目的変数とし、それに影響する環境要因を調べた。考慮した要因は河畔林の幅やカメラを設置した地点を中心とする半径一〇〇〜八〇〇メートルバッファー内の森林、農地、市街地の面積率や河川の総延長、キツネでは餌資源となる小鳥類

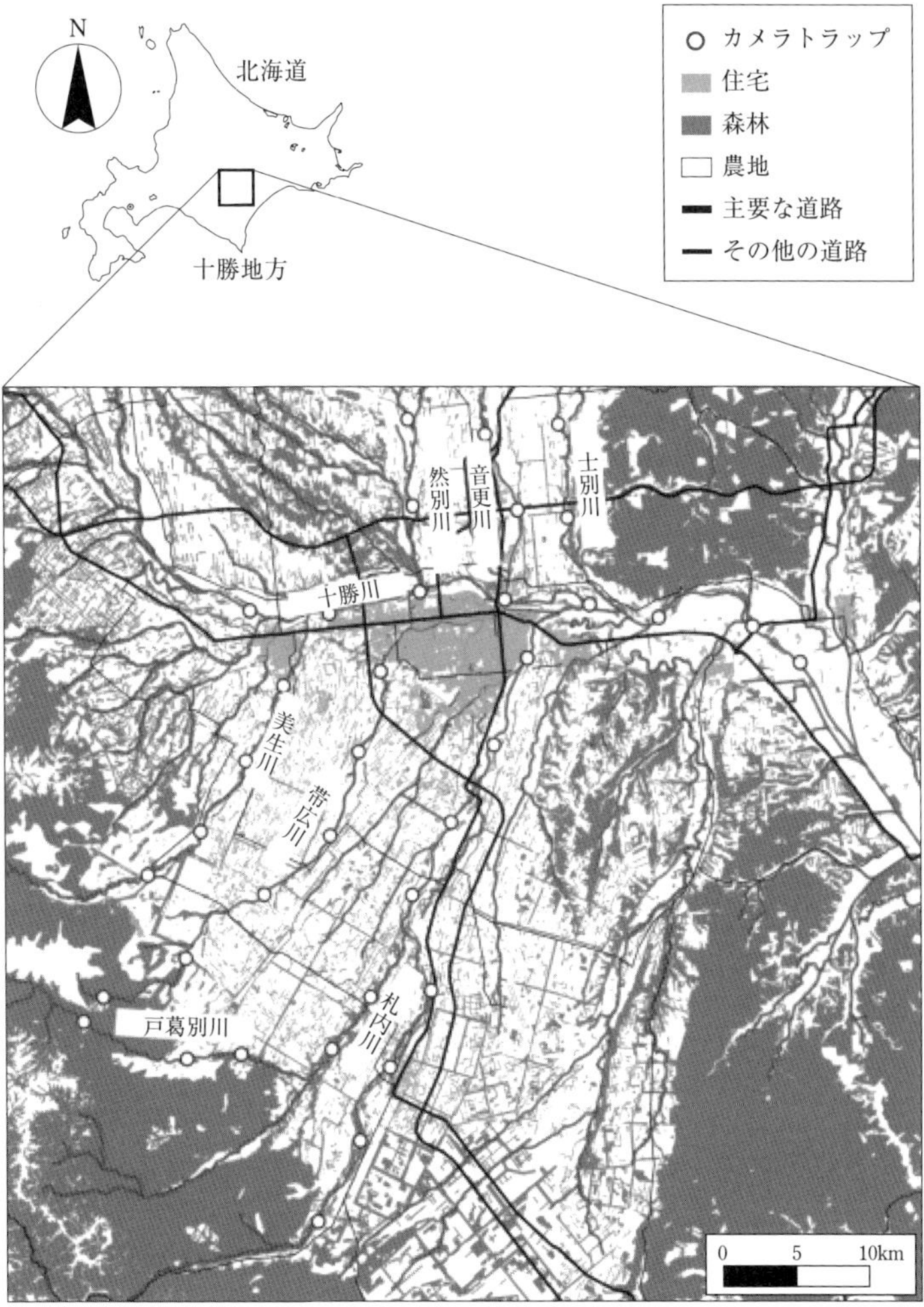

図 3-9　十勝地方中部の河川と配置した自動撮影カメラの地点。

や小哺乳類の撮影頻度などである（大熊ほか 二〇一七）。

解析の結果、エゾシカでは夏（六～八月）の河畔林の利用頻度は周辺四〇〇メートルに農地、森林、河川が多く存在するほど高くなり、秋（九～一一月）ではそれに加えて下層植生（下草）の被度が高いほど高くなった。キタキツネの河畔林利用頻度は、春（三～五月）では周辺二〇〇メートルに森林が多いほど低くなり、夏では小鳥類の撮影頻度が高いほど高くなり、冬（一二～二月）では周辺二〇〇メートルに市街地が多いほど高くなった。このように十勝地方の農業景観におけるエゾシカやキタキツネの河畔林利用頻度に影響する環境要因とそれらが強く作用する空間スケールが一部明らかになった。これらの動物の利用頻度が高い河畔林の場所を特定して、その地点やその周辺を適切に管理することで、軋轢をもたらしうる動物による河畔林の利用を制限し、軋轢の発生地へのその進出を抑えられる可能性がある（大熊ほか 二〇一七；Okuma *et al.* 2022）。

キタキツネに関しては、都市化が進み、札幌市などでアーバン・フォックスの存在が問題となっている（浦口 二〇一八、塚田 二〇二二）。市街地にキタキツネが進出すると、キツネのロードキル、ゴミ荒らし、そして人獣共通感染症であるエキノコックスの感染リスクの増大などが問題となってくる（浦口 二〇一八、塚田 二〇二二）。先の結果で述べたように、十勝地方中部のキタキツネは冬に周辺に市街地域を多く含む河畔林の利用頻度が高くなる（大熊ほか 二〇一七）。実際に市街地やその周辺でキタキツネの姿を見かけることも多く、帯広市では年間の駆除目標を四〇〇頭に設定して、毎年二〇〇～三〇〇頭のキタキツネを駆除している（柳川 二〇二一a）。また、おびひろ動物園などの一部の公園緑地では周辺のフェンスを補強してキタキツネの侵入を防いだり、駆虫剤（プラジカンテル）入りの餌を撒

図 3-10 エゾユキウサギを狩ったキタキツネ。（撮影：広沢圭司氏）

いて、エキノコックス排除を試みている（柳川ほか二〇二二）。キタキツネは、現時点ではエキノコックスの媒介者として、またスイートコーンなどを食害する農業害獣として負の側面が多い動物ではあるが、一方で同じく農業や林業の害獣となるエゾユキウサギやエゾヤチネズミなどの優秀な捕食者である（図3-10）。近年、十勝地方中部ではエゾユキウサギが高密度で生息する地点が増加する傾向にあり、農作物への被害が懸念されている（野崎 二〇二〇）。キタキツネの駆除が過度になり、個体数が必要以上に減少するとウサギ、ネズミ類の増加はますますさかんになると思われるので、これらのバランスも考慮した管理が必要であろう。

ヒグマ、エゾシカ、キタキツネが河畔林を移動していることはわかったが（吉岡・柳川 二〇〇八、柳川二〇一五）、そのことと実際に食害に遭う畑の関係はどうなのであろうか？ 十勝地方中部の芽室町で、芽室町役場と芽室町農業協同組合が有する「有害鳥獣による農作物等被害状況調査一覧表」と「地理情報システム作付け図」をもちいて、実際に動物の食害に遭った畑を地図上に落とし込んでみた。キタキツネに関してはスイートコーンなどの被害が多かったが、地図上に落とせた地点が少なかったため、ここではヒグマとエゾシカの結果のみ示す。また、エゾシカについては、第6章で被害に遭いやすい作物なども含めた解析（大熊ほか 二〇一九）を示すので、ここでは場所についてのみ示す。ヒグマによって食害を受けた畑（おもにデントコーン）は河畔林周辺の畑にほぼ限られ（図3-11上）、エゾシカの食害を受けた畑は河畔林と防風林に接した畑に集中していた（図3-11下）。この結果については、資料をいただいた役場と農協に還元し、芽室町の広報誌に掲載されている（芽室町 二〇一七）。

現在のところ、これらの被害の対策としては、有害鳥獣駆除による個体数管理を行いつつ、防御柵や電牧柵などによって畑などへの侵入を防ぐことがもっとも効果的であると考えられている。その効果により、北海道全域でも、十勝地方でもエゾシカの農業被害は減りつつあるが、現時点ではまだまだ対策を進めてゆく必要がある。細かな点を見ていくと、たとえば山間部のデントコーン畑などでは、せっかく電牧柵を設置していても、維持管理のむずかしさから下草が柵の高さまで達して放電してしまい、電牧柵としての機能を失ってしまう。あるデントコーン畑に仕かけた自動撮影カメラ（ビデオモード）の映像では、まず電牧柵の効果が薄い地点をクマが見つけ、そこから出入りして入口を広げたところで、同じところからシカも入り始めていた。その農家さんでは被害額と維持管理のための労力や安全性、費用などを天秤《てんびん》にかけると、くやしいけれども少しぐらいはクマやシカに食べられるのもしょうがない、といった場合もあるようで、そこら辺の問題をどう解決してゆくかも今後の課題である。

また、かつてシカ対策のために設置した防御柵を農業地帯への進出が最近増えているクマが破壊する

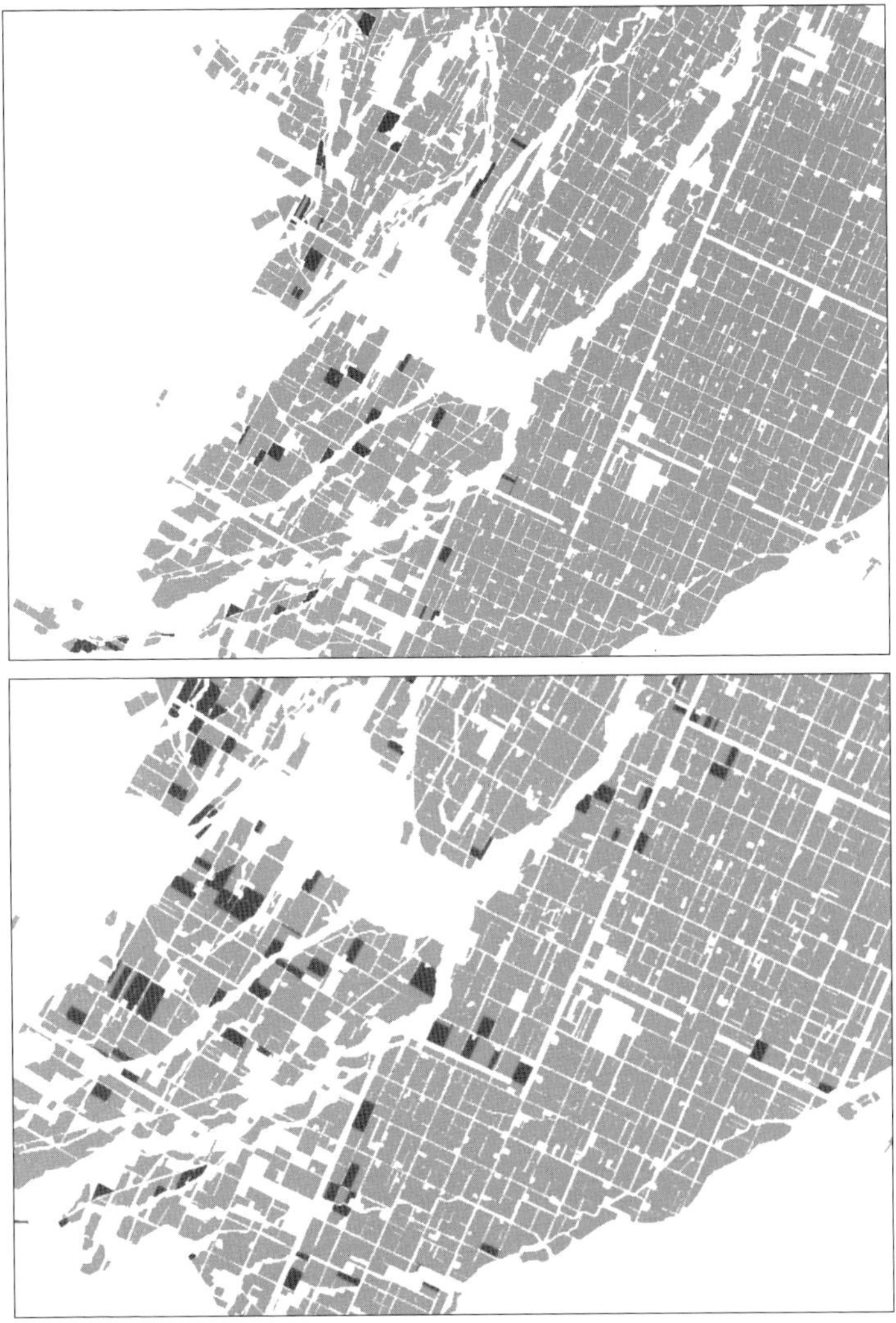

図 3-11　ヒグマ（上）とエゾシカ（下）の食害に遭った畑（より濃い部分）。ヒグマはほとんどが河畔林沿い、エゾシカは河畔林に加え幅の広い防風林沿いにも被害に遭う畑が存在する。

といった例もあり、これも問題である。たとえば林業では苗木をシカの食害から防ぐ柵の場合、クマは苗木の食害はないので、柵を破壊されるのを避けるために、あえてクマは入れるけどシカは入ることができない、ハシゴか脚立のような柵内への出入口を考えている最中である。ただデントコーン畑や小麦畑はシカもクマも入れてはならないので、これはもうクマに破壊されないがんじょうな柵や電牧柵で対抗するしかない。しかし、この章の最初のほうで述べたコウモリ用カルバートでクマの侵入を防ぐために設置した鋼鉄製のフェンスはワンポイントであるからできたことで、広大な面積を守る柵としては費用の面から現実的ではない。そこはなんとかクマとの知恵比べで防ぐしかないかな、と思っている。

第4章
身近な隣人と付き合う

北海道帯広市のマスコットを決めるときに候補となった動物は輓馬《ばんば》、エゾモモンガ（以下、モモンガ）、エゾリスの三種で、市民の投票数で選ばれた。結果は僅差で輓馬が一位だったが、次点のモモンガも三位のエゾリスも帯広市民にとっては馴染み深い動物たちである。身近で、可愛らしく、これといって害のない動物たちであるが、それゆえの餌付けや写真撮影のための追っかけなど、人と野生動物の距離感を考えるうえでのモデルケースとなる動物たちでもある。

1　エゾモモンガ

モモンガってどんな動物？

九州の大学院から帯広の大学に赴任した三十数年前、私はどんな動物の研究を始めようかとわくわくしていた。まだぎりぎり二〇代で体力もあり、九時から五時までの公務員の勤務を終えた後に、日没から一人でかすみ網を張ってコウモリを捕まえたり、夜中の二時、三時台に起きて暗いうちから鳴き始める鳥を見にいったりしていた。そんなときに、上司の先生方が手を焼いている「どうしてもエゾモモンガの研究がやりたい」という、物静かで働き者だけど、がんこな学生が私に回ってきた。九州時代にムササビの研究をしていた先輩のフィールドワークを見学させてもらったり、自分でも子どものころからムササビの観察をしていたので、なんとかその手法でモモンガもできないかと考えた。

そこでまず学部四年生のその学生と研究室に所属したばかりの三年生の学生と大学の構内に廃材と金物屋で買ってきた金網を使って小屋をつくり、そこでモモンガを飼育して、まずは二四時間その行動を見ることにした。学生たちとの二交代とはいえ、通常の勤務を終えてから、翌朝までの観察なんて今から考えると若かったのだなと思う。さて、その小屋で飼育するモモンガであるが、野外（といっても大学構内なのだが）に設置した小鳥用の巣箱（の入口をモモンガ用に四センチメートル径にしたもの）に営巣している個体を持ち帰った。

そのモモンガは雄一、雌二の三匹であったが、野外のケージに移す前に、大きめの小鳥用のケージに入れて様子を見てみた。その時点で、私の野生動物に関する常識が崩壊した。一匹のモモンガがケージに入れた木の枝の股の部分に止まり落ち着いた。すると、すぐにもう一匹がその一匹の背中に乗った。そして、最後の一匹が二匹目の背中に乗った。この状態で一時間以上、三匹のモモンガはじっとしていた（図4-1）。「なんなんだ、この動物は」と思った。この三匹はそれぞれ離れた場所から連れてきたので、おそらく兄弟でも親子でもない。なんとなく、モモンガという動物の得体のしれなさというか、この動物のことが理解できるのだろうか？　という不安で、そのモモンガの研究をやりたいといった学生とじっとそのモモンガたちを見ていた。

とはいえ卒業研究は始めなければならないので、その三匹のモモンガを野外のケージに移し、一年を通じての二四時間観察が始まった。その成果が最初の論文（柳川ほか　一九九一）になるのだが、半野生状態の飼育下における日周活動が明らかになった。少なくとも飼育下のモモンガはほぼ完全な夜行性で、昼間に活動することはなかった。活動しないという事実を確かめるために、たとえ出てこないとわかっていても、二四時間観察して昼は巣から出ないことを確かめるのが必要なのである。まだビデオや自動撮影カメラを調査に使うことが一般的ではないころの仕事である。とにかくこの一年間の観察で、一年間の活動パターン、与えた餌の食べる食べないで食性、そして雌雄を飼育していたため繁殖までしてくれたので、子の成長（柳川　二〇〇六a）などのいろいろな基本情報が得られた。

これらの情報をもとに二年目からはいろいろな方向に研究を発展させていったが、その一つに飼育個体で見ていた活動パターンが野外の個体でもはたして同じなのかが気になって、今度は完全に野生個体

図 4-1　ケージで休息する3匹のモモンガ。木の股に1匹がすわり、その背中に1匹、2匹目の背中にもう1匹と、この姿勢で1時間以上じっとしていた。

の夜の観察を始めた。その結果も論文として発表することができた（山口・柳川　一九九五）のだが、野外のモモンガも飼育個体と同様に日没後と日の出前に比較的コンスタントに巣から出て餌を食べていた。餌は消化に時間のかかる葉などが中心であるので（柳川　一九九九、浅利ほか　二〇〇八a）、食後はゆっくりと時間をかけて休息する、これが基本的な活動パターンであった。

春先から秋にかけては日没・日の出時刻の変化にともなって比較的規則正しく活動時間帯が変化し、外での活動時間も長い。しかし、冬には気温の低下によって活動時間が減少し、また巣から出る時刻や戻る時刻も不規則になる（山口・柳川　一九九五）。この冬の観察がまたつらい。帯広の冬は夜が長い、そして寒い。とくに一二月から一月にかけて、夜の長さは最長一六時間になり、最低気温はマイナス二五度を下回る。この時期の観察は森のなかのモモンガの巣の前の雪に穴を掘り、そのなかで十数時間をひたすらモモンガの出てくるのを待ち続ける。調査を始める前に自動販売機で何本も、ふだん飲まない甘くて熱い缶コーヒーを買ってポケットというポケットに入れていくのだが、それも二、三時間ですぐ冷える。あげくにモモンガは朝方四五分出てきただけ、というのがよくあるパターンである。

その四五分のために残りの一五時間以上を寒い思いをしながら待ち続けるのは、むちゃくちゃ効率の悪い仕事であるが、飼育個体の観察のとき同様に、この時期モモンガが四五分しか活動しないということを確かめるためには、残りの一五時間も出てこないモモンガを待っていなければならない。そして、ほんとうにごくたまに、のできごとであるが、たとえば「木のてっぺん付近にいたモモンガをフクロウが襲ったときに、難を逃れたモモンガが一気に木の幹を駆け下り、根元の雪のなかに潜って一時間以上も出てこなかった」などという一例ではあるが目の覚めるような貴重な体験も、一晩中見ていたからの

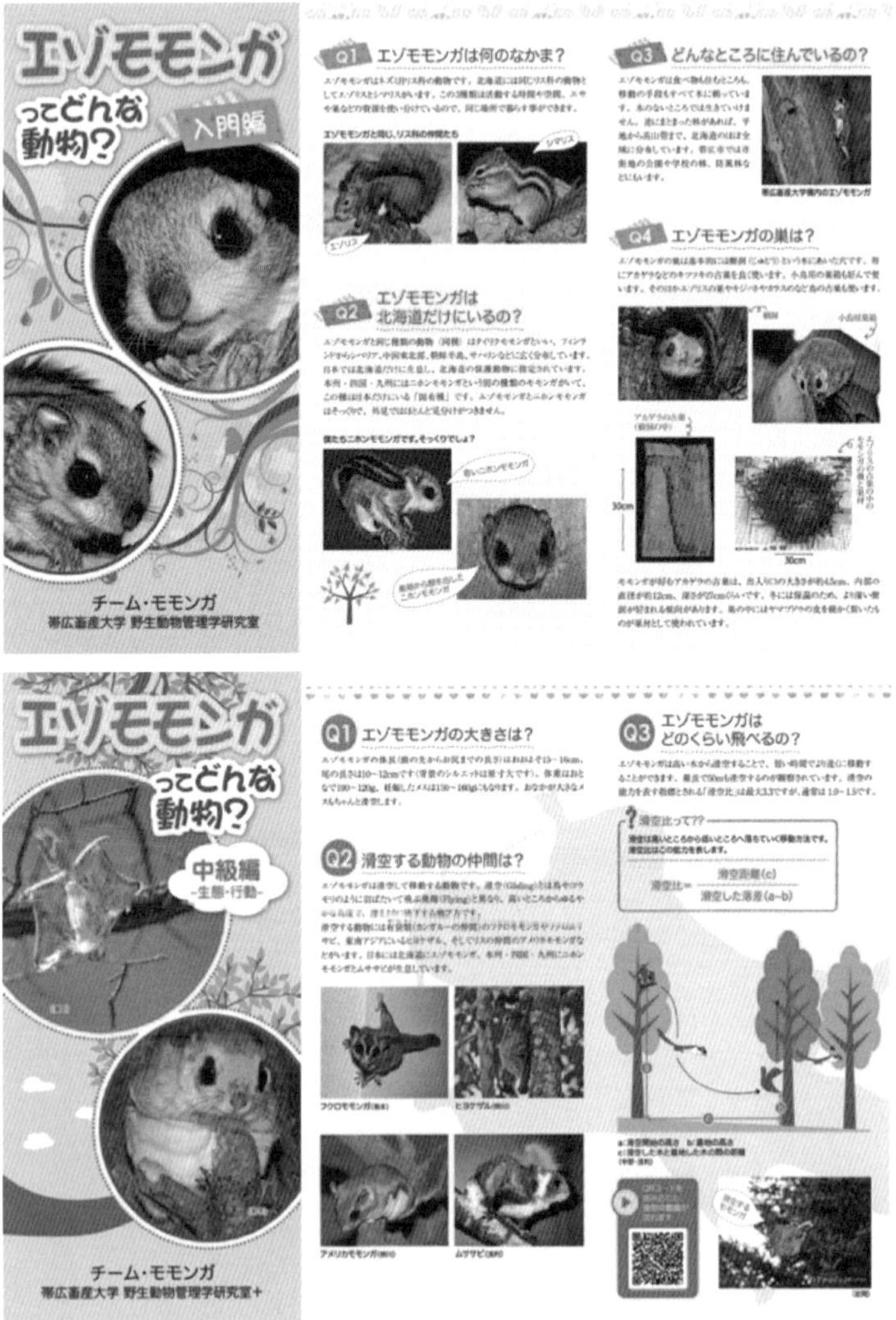

図 4-2　エゾモモンガに関する普及啓蒙用リーフレット。上が入門編で、下が中級編。B4 判裏表 3 つ折り。(https://www.obihiro.ac.jp/biodiversity でダウンロード可)

ご褒美だと思っている。

エゾモモンガとともに生きるために

その後もモモンガの研究は三人の博士課程の学生をはじめ、多くの修士、学部の学生とともに二〇年以上も続けられ、それらの成果は多くの論文や報告、それらをもとにしたリーフレット（図4-2）に結びついている。最初のうちは、とにかくモモンガのことが知りたくてやっていた基礎的研究も、モモンガと人との関係にいろいろと問題もあることを知るにつれて、そのよりよい関係のための応用的研究へと発展していった。

最初にモモンガと人の関係を考えるきっかけとなったのは、第2章でコウモリの保全対策をした高規格幹線道路の工事が進み、私の勤務する大学をかすって通過していくことが決まったことによる。その道路がモモンガの通路となっていた並木を分断することとなり、このままでは道路によって分断された個体群の行き来ができなくなってしまうので、それらをなんとか通す手段を考えることとなった。道路自体は地上六メートルの位置を通るので、要はその上を通すか、下を通すか、である。普通に地上を歩いて移動する動物であれば、道路の下にカルバートなどをつくり移動を促すのが常套手段であるが、相手は木々の間を滑空して移動するモモンガである。自ら進んで地上に降りることはまずない。そうなるとまず最初に思いつくのが、道路の上を飛ばして横断させる方法である。

ここでまず問題になるのが、道路の幅（どのくらいの距離をモモンガは飛ばなければならないのか？）、そしてモモンガの滑空能力（どのくらいの距離をモモンガは飛べるのか？）である。そこでモ

図 4-3　エゾモモンガ用道路横断構造物。滑空用支柱の高さは地上 16 m（道路から上 10 m）。

図 4-4　道路の下を通っても移動できるように組まれた足場とカルバートの壁面につけられた通り道。

モンガの滑空能力を知るための研究が始まった（柳川ほか 二〇〇四c、浅利・柳川 二〇〇六：Asari *et al.* 2007）。これらの研究成果と道路幅の設計図をもとに、モモンガが、たとえば道路の上を走行するトラックくらいの車高の車があっても、それに衝突せずに道路を渡り切るために必要な滑空用の支柱（ポール）の高さは何メートルかを計算した。その結果、約二〇メートル幅の道路を横断するには、道路から一〇メートルの高さがあればだいじょうぶということになった（道路自体が地上六メートルの高さなので地上からは一六メートル必要）。そこで、子どもの落書きのようなわれながらつたないスケッチを書いて道路の設計担当の人に渡したら、驚くなかれそれがミリ単位の設計図になって戻ってきて、さすがのプロの仕事に感激した。そうしてモモンガ滑空用の支柱ができあがった（柳川・上田 二〇〇三）（図4-3）。

一方で、初めての試みでこの滑空用支柱を絶対に使う、という自信がなかったので、同時に道路の下にカルバートを設けて、そのカルバートの壁面にモモンガが地面に降りずに移動できるように半割りにしたカラマツを張りつけて通り道とした。そして、滑空用支柱とカルバートの通り道に導くように、林から丸太を組んだ樹上性動物用の道もつくっていただいた（柳川・上田 二〇〇三）（図4-4）。

これらの道路の上と下のそれぞれの横断施設のモニタリングの結果（柳川ほか 二〇〇四c、浅利ほか 二〇〇五、浅利・柳川 二〇〇八、浅利 二〇一三a）、双方がモモンガにとって利用可能なことが確かめられたが、利用の頻度はカルバートの通り道のほうが圧倒的に多かった（浅利・柳川 二〇〇八）。支柱のほうがモモンガ用オリジナルであり、ものめずらしさから話題となって絵本（キム・堀川 二〇一一）や一般書（北村・本郷 二〇一三）でも紹介されたりもしたが、モモンガのほうはそれにはおかまいなしで、ふだんは通りやすいほうを選んでいるようである（ときどきは支柱も使うのだが）。

そこで、それ以降の同様のケースでは、無理に滑空用の支柱を立てずに、盛土の部分にカルバートを設置して、そこに半分に割ったカラマツなど、その場の工事の際に伐採した樹木を活用して通り道をつくってもらっている（第3章の図3-3）。この横断施設のよいところはモモンガだけでなく、ほかの動物にとっても利用可能なことで、これまでにクロテン、エゾリス、アカネズミ属・ヤチネズミ属・クマネズミ属のネズミによる利用が確認されている（浅利ほか 二〇〇五、小野・柳川 二〇一〇、佐々木ほか 二〇一二）。

人の身近で暮らすモモンガが人為的影響を受けるのは、道路ができるときに限らない。たとえこれといった変化がなくとも、もともと面積の小さい残存林や帯状に細長い防風林に暮らすモモンガは、それだけでふだんの生活から広大な天然林に暮らすモモンガよりも多くの負担を強いられることがあると思う。たとえば、面積が約四ヘクタールの小さな残存林で暮らしていたモモンガは、雌どうしで避け合い、行動圏がほとんど重なっていなかったが、ある年に台風による倒木があり、その後の整地のための伐採もあって森林面積が小さくなったのちには、それぞれの行動圏を大きく重ならせた（浅利ほか 二〇一八、浅利 二〇二三b）。

林の幅が五〇メートルほどの帯状の防風林に生息するモモンガは、当然ながら細長い行動圏を持っている。林を構成する樹種が単純な防風林では、彼らが住む樹洞も、餌となる樹木も数が限られ、距離が離れて存在するために一晩に移動する距離が丸い形や四角い形の林に住むモモンガに比べて、何倍も長くなる（残存林：平均約九〇メートル、防風林：平均約二二六メートル）。これはそれだけ移動に要す

図 4-5　モモンガと樹洞をめぐって競合する可能性のあるヒメネズミ。（撮影：村木［小川］尚子氏）

る時間やコストを多くし、天敵などの危険に遭遇するリスクを高くするということである（浅利ほか 二〇〇八b、東城ほか 二〇〇八）。このように小面積の残存林や帯状の防風林に暮らすモモンガの保全を考える際には、基本的には第2章のコウモリの保全で考えた「移・食・住」の確保でその保全策を考えている（浅利ほか 二〇〇九a）。実際にはこれといった変化のない場所（つまりは開発側や保護側からのニーズのない場所）で具体的な保全策を考えることは少ないが、巣からの移動距離を短くするために、樹洞に代わる巣の資源として巣箱を設置することは可能で、防風林では実際にそれが春から秋にかけて高い頻度で利用されることを確かめている（東城・柳川 二〇〇八）。

図 4-6　同じく樹洞で繁殖するシジュウカラの巣立ち直前のヒナ。（提供：フェザードフレンド）

そんな少し不便な林に生息しているモモンガたちなので、人の近くで暮らすモモンガの個体数が少ないかというとけっしてそうではなく、逆に広大な天然林に暮らすモモンガよりも密度は高いと思っている。これは使える場所が比較的小面積で限られているため、そこに集中するからかもしれない。大学の構内に一四九個の巣箱をかけて二〇一六年八～一〇月、三カ月間調査をして、その年に生まれた子二四匹を含めて九一匹のモモンガ（のべ数ではなく実数）が記録されたことがある。

これらの林に暮らす動物はモモンガだけではないので、限られた資源をめぐって競合や資源の使い分けが生じている。「食」という面では、モモンガの主食は樹木の葉や芽で（浅利ほか 二〇〇八a、南部・柳川 二〇一〇）、これを主食にする動物は昆虫ぐらいしかないので、ほかの鳥や獣との競合はほとんどない。また、「移」に関しても、滑空移動という特殊な移動手段を持つモモンガが他種と移動の途中で遭遇する可能性は低い。ただ、小面積の林内での滑空移動に関して、よりエネルギー効率のよい移動のために、モモンガが滑空の中継木に林内でもより樹高の高い樹木を選択している可能性があることが、観察によって明らかにされている（Suzuki *et al.* 2012; Suzuki and Yanagawa 2019）。

「住」をめぐっては、モモンガは一年を通じて樹洞を使うので（村木・柳川 二〇〇六、浅利ほか 二〇〇九b：Nakama and Yanagawa 2009）、繁殖のために樹洞を利用するヒメネズミ（Suzuki and Yanagawa 2012）（図4-5）やシジュウカラ（Suzuki *et al.* 2017）（図4-6）などのカラ類との競合がある。巣箱を使った調査で、モモンガが入れない入口径（二・五センチメートル）を使うとヒメネズミは低い位置から高い位置まで巣箱を使うが、モモンガが入れる径（四・五センチメートル）では低い位置の巣箱を使うことが確かめられ（鈴木ほか 二〇一四）、ヒメネズミがモモンガとの競合を避けるために営巣場所の高さを変化させる可能性が示された。今にして思えば、逆にいえば、樹洞という「住」に関する

図 4-7　わが家のすぐそばの公園のモモンガモニュメント（たまに子どもにタヌキとまちがわれる）。

資源が限られていたことによって、巣箱という「人工の樹洞」を使ったモモンガの研究（柳川 一九九四：Suzuki and Yanagawa 2013）が効果的であり、可能であったのだなと思う。

身近にいるのに、夜行性であるがゆえに、その存在を知られないままに住む場所や移動のための並木が失われて、いなくなってしまう。そんな経験をいくつか重ねて、ときには積極的に彼らの存在をアピールすることにした。帯広畜産大学ではおびひろ動物園と包括連携協定を結んでいるので、その協力のもと動物園の来園者にモモンガに関するアンケートを行い、モモンガの存在をアピールしてきた（野村ほか 二〇一六、竹口ほか 二〇一七）。動物園内に生息する野生のモモンガの観察会を行ったり（柳川 二〇二三c）、講演や管内の小学校への出前授業、モモンガやフクロウの剝製を持って絵本の読み聞かせへの参加などもしてきた。おそらくこれらの試みを続けてきたことが、冒頭で述べたように市のマスコット候補としてモモンガが選ばれる一助くらいにはなったのではないかと思っていて、わが家の近くの公園には石づくりのモモンガのモニュメントがある（図4-7）。

2 エゾリス

帯広市のエゾリス

「帯広市環境基本計画」（帯広市 二〇〇〇）を策定する会議の場で、委員のなかから帯広市の形が「振り向いたリスの形」に似ている、という意見が出た。その意見はそのまま環境基本計画の冊子（帯

図 4-8　帯広市の位置と形。帯広市は「振り向いたリスの形」。（帯広市環境基本計画より）

広市）にイラストとして採用されている（図4－8）。帯広市でエゾリスはさまざまなところにシンボルとして使われ、また実際に市街地の公園や学校・神社など緑地の多い場所に生息する身近で、愛らしい動物として市民に親しまれている。

その「帯広市環境基本計画」を策定する際に参考にした資料に、一九九八年に帯広市が発表した「自然・環境マップ」があり、そのなかの「エゾリス・マップ」では、市内三四カ所での分布情報が記載されている。私たちが帯広市街地の公園緑地で同じ一九九八年に調査した結果、市街地にある一五八の公園緑地のうち一八カ所でエゾリスの巣があり定住しており、三三カ所では巣が見られないが、なんらかの生息痕跡（食痕・足跡・姿の目撃）があった。合わせると五一カ所（全体の三二パーセント）でリスの利用が確認された。五年後の二〇〇三年に同様の調査を行ったところ、調査した一四五の公園緑地のうち五七カ所（三九パーセント）でリスの利用が確認されている（柳川 二〇〇四）。

北海道帯広市で生まれ育った人には、市街地の公園などにエゾリスがいるのは小さいころから見慣れた「あたりまえ」のことかもしれないが、本州で生まれて大学から帯広の地にきた私にとっては大学のキャンパス内を自由に走り回るリスの姿はうれしい驚きであった。それから四〇年以上経ったが、本州はおろか北海道内でもこれほど野生のリスと人が身近に暮らせている場所を知らない。

リスの愛らしさ、親しみやすさから、本州の多くの公園でニホンリスを定着させようと試みられているが、イエネコ（野良ネコ）やハシブトガラスなどの天敵の存在、餌や巣となる資源の不足のためほとんどのケースでうまくいっていない（矢竹 二〇〇一、矢竹・田村 二〇〇一）。帯広の人にとっての「あたりまえ」は、けっして他所では「あたりまえ」ではないのである。帯広の公園にリスが普通にいるのは、じつはリスが生きていける条件がそろっているからである。その条件がなくなると、リスはいつのまにかいなくなってしまうかもしれない。人は「あたりまえ」のことについては無関心になり、冷たい。失って初めて「あたりまえ」の大切さに気づく前に、だれかがそのリスが生きていける条件を見守っていかなければいけない、と思う。

その条件とはなんであろうか？ まず天敵の問題であるが、本州のニホンリスで問題となるネコとカラスが、①寒冷地の帯広では野良ネコの個体数が本州に比べて少ない、と思う。実際に野良ネコの密度を本州と比較した研究はないが、本州では市街地でよく見かけるネコのロードキルを帯広ではほとんど見ない。むしろネコのロードキルが多いのは農家ネコの多い農業地帯だったりする。②帯広市の市街地に生息するカラスは大型で攻撃性の強いハシブトガラスよりも、小型のハシボソガラスのほうが優勢である（玉田・藤巻 一九九二）。③体重二一〇〜三二〇グラムのニホンリス（西垣・川道 一九九六）に比べ、エゾリスは三〇〇〜四七〇グラムあり（宝川 一九九六）、カラス類に対してより強力である。これらの理由から、天敵による捕食圧は本州のニホンリスより軽いと思われる。

ところで、帯広市では市民から「公園にカラスが巣をつくって（人を襲うかもしれないから）危険なので巣を撤去してほしい」という連絡があった場合、公園の指定管理者（民間）と協議して、その指定管理者が巣の撤去などを行っていた。先にも述べたように、帯広市街地で営巣するカラスはハシボソガラスのほうが多く（たとえば二〇二〇〜二〇二二年までの三年間の調査ではボソ：ブトの営巣数の比率は五〇：一七）、ほとんどのハシボソガラスは人を襲わない。多くの人が二種類のカラスを区別しないために、人を襲う少数のハシブトガラスのために、多くの無罪のハシボソガラスが駆除される冤罪が続いていた。これは無益な殺生をするばかりでなく、そのハシボソガラスが抜けたところに、ハシブトガラスが入ってきたら、リスにとっても人にとってもかえってマイナスである。そこで、二〇二〇年から「帯広市みどりと花のセンター」に協力して、カラス類に対する啓蒙とハシボソガラスの巣の撤去を止めること、を推進している。

市街地の公園や学校・寺社の緑地に住むリスが暮らしていくために必要な「食」は、おもな餌となる種子がチョウセンゴヨウなどのマツ類、ヨーロッパトウヒなどのトウヒ類、カラマツとオニグルミであった。また、「住」としては樹洞や人工物も利用するが、おもには樹上に巣をつくって利用していた。エゾリスの巣には昼寝などの一時的な休息に使う、木の枝を組んでつくる皿状巣（nest）と子育てや越冬のために使う、保温のために内部に木の皮を細かく割いたものや苔などを敷いた球状巣（drey）がある（柳川 二〇一二b）。皿状巣は簡単なつくりで、木の股など比較的地上から低い場所にもつくられるが、球状巣をつくる木には樹高の高い常緑針葉樹が好まれ、巣をつくる木の周辺の樹木密度も高い（山口・柳川 二〇一〇）。

市内の公園緑地をリスが「利用する」「利用しない」の二つに分けて、それぞれで環境要因を調べて、どのような要因がリスの利用する・しないにかかわっているのかを調べてみた。調査した環境要因は緑地の面積、緑地内の樹木の平均胸高直径、平均樹高、樹木の密度、基底面積、「住」「食」であげたリスにとって有用な樹木（常緑針葉樹、カラマツ、オニグルミ）の木本密度、もっとも近い面積二ヘクタール以上の緑地までの距離、餌付けの有無などである。その結果、リスの利用の有無にもっとも関係している要因は有用な樹木の木本密度、ついで基底面積であった（柳川 二〇〇四）。つまりはリスの「住」と「食」にとって重要なこれらの樹木が保たれていれば、その公園緑地はリスに利用されるという当然といえば当然の結果であった。ただ、その当然が失われれば、リスはいなくなってしまう。

街のリス、田舎のリス、白いリス

このように安全でアクセスのたやすい市街地の公園緑地に、野生動物としては観察や捕獲が容易なリスが多く生息している帯広市なので、それを研究したいと思っている人には願ってもない場所であろう。実際に現在、東京大学、北海道大学、総合研究大学院大学、日本獣医生命科学大学、麻布大学、東京農業大学、東洋大学の若手研究者や学生が「リス組」というチームをつくって、調査・研究を進めており、地元の帯広畜産大学もこの調査に加わっている。私もときどき、捕獲調査のお手伝いなどでこのチームの調査に加えてもらっているが、どちらかというとプロデューサーかマネージャーのような立場で帯広市との調査許可に関する交渉や飲み会要員としてチームに接することが多い（歳をとったということかもしれないが、こういう立ち位置もなかなか楽しい）。学生中心の若い集団ではあるが、その研究成果は次々と国内外の雑誌・学会などに発表され、活性が高く、内外でのその評価も高い。

その「リス組」の研究テーマとしてはじまりのころから注目されていたものに「リスの都市化」がある。北海道各地で最近さまざまな動物の都市化が懸念されており、それらはそれぞれアーバン・フォックス＝キタキツネ（浦口 二〇一八、塚田 二〇二二）、アーバン・ベア＝ヒグマ（佐藤 二〇二一）、アーバン・ディア＝エゾシカ（赤坂 二〇一一）と呼ばれ、とくに人との間の軋轢が問題視されている。帯広市のリスもアーバン・スクァーレルと呼んでもさしつかえのない状況で、それらの特徴を明らかにするため「街のリス」と「田舎のリス」の行動が比較されている。

そこでまず注目したのが、鳥類などで人馴れの指標として利用されているＦＩＤ（Flight Initiation Distance）の計測である（Stankowich and Blumstein 2005）。ＦＩＤとは簡単にいうと、その動物にどれだけ近づけるか、どれだけ近づいたらその動物が逃げ始めるかという距離で、鳥の場合は飛んで逃げるので Flight という言葉が使ってある。この値を市街地（街）の公園緑地で暮らすリスと郊外（田舎）の緑地で暮らすリスで測ってみると、平均がそれぞれ六メートルと一九メートルと大きく異なっていた。また、田舎のリスでは繁殖期である春にはＦＩＤの値が大きく、冬に向けての貯食などで忙しい秋には値が小さくなったが、街のリスでは一年を通じてＦＩＤの値に変化が見られなかった（つまり街のリスには季節感がない?」(Uchida *et al.* 2016)。また、FIDの大きい個体ほど、その場から逃げて木に登るときにより高いところまで登ることがわかり(臆病者ほど高いところに登る)、木に登る高さが警戒心の指標となることもわかった(Uchida *et al.* 2017)。

また、市街地の公園緑地でそれぞれの公園内の環境要因がFIDとどのように関連しているかを調査した結果、公園での餌付けの頻度が高く、公園面積あたりの緑地面積・樹木面積が小さく、公園の遊具の数が少ないほどFIDの距離が短く、人とリスの距離が近くなりやすいことがわかった。公園の環境が都市における人と野生動物の距離に関連するということを明らかにしたこの研究から、それらの公園の環境管理によって人と野生動物の距離をマネジメントすることができる可能性が示された(Uchida *et al.* 2021)。

一般に、都市に暮らす生きものは活発で、大胆で、攻撃的で、ストレス感受性が低い、ということが鳥類を中心とした研究から明らかになっている(たとえば Galbreath *et al.* 2014; Huang *et al.* 2020 など)。この点、帯広市街地のリスたちはどうなのであろうか。ここでも街と田舎に暮らすリスで未知の箱に入れられたときの反応、鏡に映った像に対する反応の仕方などを比較した。その結果、街と田舎のリスの間には多くの個性に明瞭な違いは見られなかったが、一方で人間に対する大胆さや攻撃性が街のリスでより高いことが明らかになった(Uchida *et al.* 2019, 2020)。

かつて帯広畜産大学の校内にアルビノのエゾリスが出現して話題になったことがある(柳川 二〇二二a、b)。このリスは二〇一七年九月から二〇二一年四月ごろまで三年以上にわたって学内で見られていた(図4-9)。めずらしく美しい白いリスはフォトジェニックで、道内各地どころか本州からもカ

図 4-9　帯広畜産大学の構内で観察されていたアルビノのエゾリス（左の個体）。多くのカメラマンが撮影に訪れた。（撮影：塩原真氏・十勝毎日新聞社）

図 4-10　木の上から人を威嚇するエゾリス。(撮影：内田健太氏)

メラマンが駆けつけた。土日や祭日などには二〇台以上のカメラが並ぶこともめずらしくなかった。なかには心得違いのカメラマンもいて、よい写真を撮ろうとリスに餌付けをしたり、撮影のじゃまだと近くを歩いて通学する学生を叱責するものさえ現れた。当時、教育担当の理事であり、動物の専門家でもあった私は平日の毎朝に見回りをしてカメラマンたちに餌付けをしないように、などと指導を行った。

この白いリスの出現は、私たちにあらためて野生動物との付き合い方を考える機会をもたらした。帯広畜産大学ではリスの「野生動物」としての生き方を尊重し、生きていくうえで必要となる「移」「食」「住」が必要以上に失われないように気を配り、学生も教職員も直接的な接触をなるべく避けてリスを見守っている。ただ、よそから一時的に訪れ、リスのよい写真を撮ろうと考えている人にこのルールを説明し、納得してもらうことはむずかしい。

大学構内ではないが、市中心部の公園では、交尾のシーズンに日中行動するモモンガの写真を撮ろうとカメラの列が並ぶ。写真の愛好家がモモンガなどの暮らす樹洞木の伐採を反対するなど、リスやモモンガにとってその存在を知られることがプラスにもマイナスにもなっている。帯広市ではないが、モモンガに対する餌付けも行われており、餌付けがモモンガの採食行動を変化させ、キタキツネやイエネコによる捕食リスクを増大させることが懸念されている（渡辺ほか 二〇二二）。これらの例を見ていると野生動物との距離感がいかに大切で、でもそれが個々人のレベルで微妙に異なるため、「ここまで、ここを越えず」（図4-10）の線引きはほんとうにむずかしいと思う。

第5章
増えた希少種と付き合う

タンチョウとオジロワシは北海道を代表する大型鳥類である。タンチョウは特別天然記念物、オジロワシは天然記念物に指定されている貴重な種であり、姿形の美しさ、勇壮さからも愛されている。一方で、明治期以降、乱獲や生息地の破壊により悲しい歴史を持つ鳥たちでもある。現在は幸いにも個体数が増えてきたが、増えたことによる新たな軋轢も人やほかの生きものとの間に生じてきた。

1 タンチョウ

タンチョウ十勝移住作戦

アイヌ民族の伝承や北海道各地を踏査した松浦武四郎の記録によると、タンチョウは一九世紀の半ばころまでは北海道全域の湿原に生息していた。しかし、明治維新以降の乱獲と蝦夷地開拓による生息地の破壊で急激にその数を減らし、一時は絶滅した、と考えられていた（正富 二〇〇〇）。幸いなことに十数羽が一九二四年に釧路湿原で再発見され（斉藤 一九二六）、給餌などによるその後の保護策が実って、現在では個体数が回復している。現在の世界のタンチョウの個体数は三〇五〇羽、そのうち北海道東部に一六五〇羽と世界中の個体の半数以上が北海道東部に生息している（IUCN Red List 2016; 環境省ホームページ https://www.env.go.jp>kisho>hogozoushoku>tancho）。

順調に個体数が増加してきたタンチョウであるが、夏場の繁殖地は釧路湿原から十勝川流域などに広がりつつあるものの、越冬地は餌付けの行われている阿寒釧路地域に集中している。タンチョウと同様に多数のマナヅル・ナベヅルが越冬する鹿児島県の集団で二〇一〇年に鳥インフルエンザによって死亡するツルが出たため、北海道でもタンチョウの越冬地で同様のことが起こる危険性が出てきた。そのため環境省では、二〇一三年に「タンチョウ生息地分散行動計画」を策定し、繁殖地や越冬地の分散化を目指している。ところが十勝川中流部では、それに先立つこと一五年前の一九九八年から産官学協働で

「タンチョウ十勝移住作戦」を展開し、道内のどの地域よりも早く、タンチョウの繁殖地・越冬地の分散に成功している（佐々木・柳川 二〇一五）。まずはその取り組みとその成果について、時間を追って紹介してみたい。

「タンチョウ十勝移住作戦」は私の上司であった教授が代表を務める「タンチョウとシマフクロウを十勝川水系に呼び戻す会」によって始まり、現在は私が代表を務める「十勝川中流部市民協働会議」（柳川 二〇二一）に引き継がれている。まず最初の取り組みは、北海道開発局（国土交通省）の十勝川千代田新水路事業、北海道（庁）の十勝圏道立公園広域事業、そして周辺自治体（帯広・音更《おとふけ》・池田・幕別の一市三町）の都市計画公園事業による、つまり国と北海道（県レベル）と周辺市町のすべての自治体がかかわる広域連携事業によってつくられる「自然と人間の共生を目指す公園」「百年先を目指す環境育成型の公園」を理念に掲げた「十勝エコロジーパーク」（面積約四一〇ヘクタール）内に、タンチョウが営巣できるビオトープをつくろうというものであった。また、この地は繁殖だけでなく、越冬にも最適の地であると考えられたため、あらかじめそれを念頭に置いて計画が進められた。

そうして北海道開発局帯広開発建設部、北海道帯広土木現業所（現北海道帯広建設管理部）、日本野鳥の会十勝支部などの協力によって二〇〇八年にエコロジーパーク内に越冬個体の分散化のための給餌場を設置、さっそくその年から越冬したペアが翌年二〇〇九年四月にエコロジーパーク内で初めて繁殖した。このペアはその後も毎年のように越冬・繁殖を繰り返している（図5-1）。また、越冬個体分散のための給餌場も二〇一三年にはエコロジーパーク内三カ所に加えて、周辺の十勝川温泉地区にも二カ所設置、さらに、新たな越冬候補地として帯広開発建設部が帯広市街地の相生中島《あいおいなかじま》地区に洪水対策とし

図 5-1　2羽のヒナを連れたタンチョウのペア。(撮影：広沢圭司氏)

て設けた掘削水路の一部にも給餌場を新設し、それぞれの給餌場でタンチョウの越冬が確認されている（佐々木・柳川 二〇一五）。十勝川中流部では、繁殖する個体も越冬する個体も順調に増え、二〇二二年一二月の調査では、北海道内の越冬個体の分布は釧路六六八羽、十勝一九八羽、根室五〇羽、そのほか一七羽となった。釧路市で二〇二二年一一月に高病原性鳥インフルエンザのタンチョウが確認されたことにより、この取り組みはますます重要な意味を持つものとなってきている（柳川 二〇二三d）。

タンチョウとともに生きるために

十勝地方で順調にその個体数を増やしているタンチョウであるが、そのことによって人とタンチョウの間にいろいろと「光」と「陰」の部分が見えてきた。まずは光の部分からあげていくと、「タンチョウ十勝移住作戦」は地域にいろいろな波及効果をもたらした。もちろんこの作戦はタンチョウのために始めた作戦ではあるが、それだけではなく当初から「タンチョウも、（地元の）人も喜ぶ作戦」を目指していた。

タンチョウが地域にもたらす効果として、日本野鳥の会十勝支部が「十勝川温泉に泊まってタンチョウを見る」（十勝毎日新聞二〇二二年一〇月二一日論説記事）と題した記事で十勝の新たな観光資源としての可能性について紹介した。先に述べた越冬地分散のための給餌場を十勝川温泉観光協会の協力により二〇一四年には八カ所に設置し、デントコーンを給餌した。これらの給餌場は十勝川温泉にある各ホテルの宿泊客からも見える位置に配置し、そのそれぞれにもタンチョウが訪れ（図5-2）、訪れた観光客から「縁起がよい」と好評であった。とくに、アジア圏などの海外からの観光客の人気が高いため、

図 5-2 温泉ホテルの前庭につくった餌場にきたタンチョウ。(提供:アークコーポレーション)

もともとは留学生を想定して大学でつくったタンチョウに関する和文英文併載のリーフレットを各ホテルなどに提供したこともある。また、帯広土木現業所(現北海道帯広建設管理部)の協力で、エコロジーパーク内の給餌場を見下ろせる場所に駐車帯を新設し、エコロジーパークの利用促進と地域観光の活性化を推進している(佐々木・柳川 二〇一五)。

十勝川中流部市民協働会議はさまざまな川づくり、地域づくりを行うNPOであるが、その活動の一つに地元の高校生に対する川の防災教育・環境教育がある。その場を通じて高校生自らがタンチョウの保護につながる活動を立案し、実行することを指導している。たとえば、帯広農業高校、帯広工業高校の生徒が作成した平面図案にはタンチョウが好むヨシなどの種を蒔き、その間に散策路を設けるなど「人と生き物が共存できる環境」が示されている。それらの案の一部は帯広開発建設部の川づくり事業で実現され、高校生たちが造成にかかわった人工湿地や、

図 5-3　地元の高校生たちとタンチョウの越冬用餌場（ニオ）づくり。（提供：アークコーポレーション）

設置した給餌場にタンチョウが飛来している（柳川 二〇二三d）。自分たちが造成した環境や給餌場（図5-3）に実際にタンチョウがきたことの喜びで、地元の若い世代がこの地の環境により強く関心を持ってくれることがなによりもうれしいことだ。

タンチョウの飛来はアイヌの人々にも多くのものをもたらした。タンチョウはアイヌの人々からサロルンカムイ（湿原の神）と呼ばれ、尊《とうと》ばれてきた。十勝川中流部で二〇一九年三月にタンチョウの親子が見られるようになった公園を会場として、帯広カムイトウウポポ保存会と平取アイヌ文化保存会による「サロルンリムセ（鶴の舞）」（図5-4）と日本野鳥の会十勝支部による「タンチョウ観察」を楽しむ集いが企画された。サロルンリムセはその後も継続して行われており、歴史のなかで忘れ去られようとしているアイヌ文化の伝承に貢献している。これ

図 5-4 十勝川流域で毎年催されているサロルンリムセ（鶴の舞）。（提供：アークコーポレーション）

らの取り組みは外部からの高い評価も得ており、活動の中心となっている十勝川中流部市民協働会議は人工湿地の造成による温室効果ガス排出量の削減と生物多様性の増加、アイヌ文化の継承への貢献などの活動が評価され、日本水大賞の環境大臣賞やグリーンインフラ大賞の優秀賞などを受賞している（和田 二〇二二）。

さて、ここまではよいことばかりを書いてきたが、一方で増えたタンチョウによる負の効果、「陰」の部分も少しずつ見え始めた。増えたタンチョウが農業害鳥となることは計画の当初から懸念されていたので、二〇一四年九月に音更町七軒、池田町五軒の農家の聞き取りを行った。その結果、タンチョウによる被害があったのは春小麦の被害が一軒のみで、当時はまだそれほど深刻な被害の声は聞かなかった（佐々木・柳川 二〇一五）。しかし、二〇二一年六月に池田町の畑に飛来したタンチョウが空気銃で撃たれて死亡する事件が起きている。今後とも増えたタンチョウの食害問題には注意を払う必要があるであろう。

また、増えたタンチョウが人為的な原因により傷ついたり死亡したりする例もしばしば発生している。十勝では、これまでに幼鳥が有刺鉄線にからまり衰弱して保護されたことがある。残念ながら、その個体は死亡してしまったが、死後解剖した胃内から直径約五ミリメートルの釣り用の鉛のおもりが発見された。そのときの写真（図5-5）ではいろいろと拘束されてかわいそうではあるが、この鳥がとにかく手強かった。嘴で突いてくる、脚でける、翼ではたく、とにかく攻撃の手を緩めない。

知り合いの牛を飼ってる農家さんに聞いても、タンチョウは気が強くて、攻撃的で、放牧地で威嚇されて牛がびびっているそうだ。タンチョウの威嚇に驚いて走った牛が骨折して、殺処分になったこともあると聞く。天然記念物なのでどうにもできないが、農家さんにとっては正直なところタンチョウは厄介者で嫌われ者であるらしい。

タンチョウが大きな態度をとるのは街中でも同じで、車がいても堂々と道路を横断したりする（図5-6）。幸いなことに十勝ではまだ起きていないが、釧路などではロードキルやレールキルも発生しており、怪我をして義足にしてもらったタンチョウもいる（図5-7）。

図 5-5　有刺鉄線にからまって傷病鳥として保護されたタンチョウ幼鳥。

図 5-6　道路上を堂々と横断するタンチョウ。(撮影：広沢圭司氏)

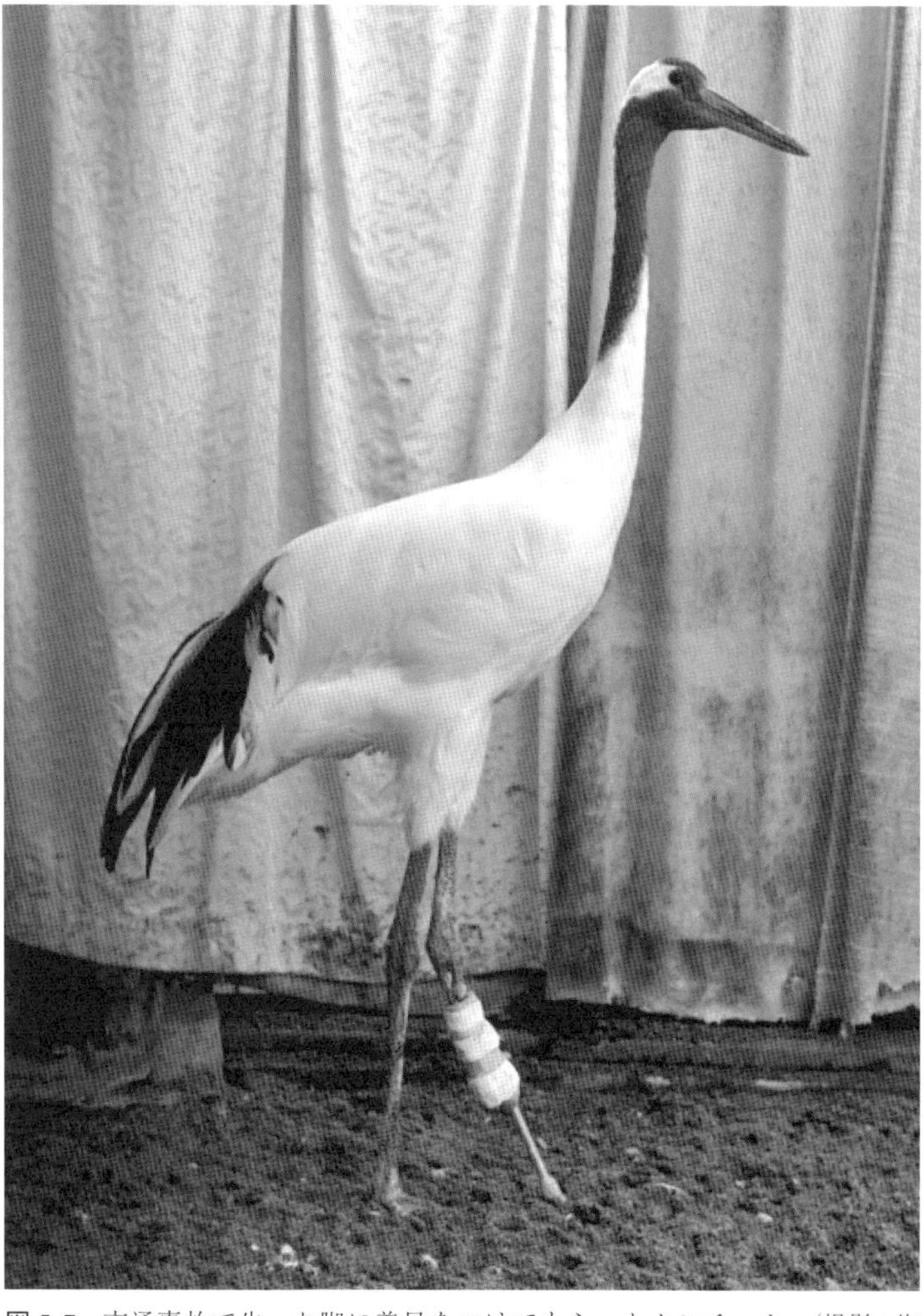

図 5-7　交通事故で失った脚に義足をつけてもらったタンチョウ。(撮影：塩原真氏・十勝毎日新聞社)

2　オジロワシ

十勝地方のオジロワシの現状

オジロワシは一九七〇年に天然記念物に指定され、一九九三年には環境省の種の保存法による国内希少野生動物種に指定された。現時点での環境省レッドリスト（第四次）での位置づけは絶滅危惧Ⅱ類である（環境省ホームページ URL: https://www.env.go.jp/nature/kisho/hogozoushoku/ojirowashi.html）。北海道のオジロワシには二タイプがあり、一つは一年を通じて北海道に生息し繁殖する留鳥。もう一つは冬にオオワシとともに、より北方から飛来し、北海道で越冬する冬鳥である。

北海道で繁殖するオジロワシ（図5-8）は、一九五〇年代に北海道東部の海に近い地域で繁殖していることが報告され（芳賀 一九五五、一九五七）、一九八〇年代までに北海道北部と東部で二三カ所の巣が見つかっている（森 一九八〇）。その後、一九九八年までに五六カ所で営巣が発見され、増加傾向にあることが示された（白木 一九九九）。現在、北海道全域では約一七〇カ所の営巣が確認されるまでに増加している（環境省ホームページ）。

十勝地方では北部の森林地帯で四カ所（川辺ほか 一九九四、岩見ほか 一九九八）と南部の海岸寄りで一カ所（Shiraki 1994）の営巣が知られ、その後、南部での数カ所の報告が加えられた後は（白木 一九九九、二〇一三）、営巣に関するまとまった報告はなかった。近年は十勝地方でも営巣数が増加して

図 5-8　オジロワシの交尾。（撮影：広沢圭司氏）

いると思われ、治水のための河川での工事（佐々木ほか二〇一三）や道路造成のためのアセスメント調査時にオジロワシの巣が新たに発見され、そのため調査や保全対策のために工事が一時ストップする例が複数回あったために、まずは十勝地方におけるオジロワシの繁殖の現状を把握してみることにした。

オジロワシのような希少な猛禽類の場合、その巣の詳細な位置を地図上にプロットして公表することはできないので、まずは十勝地方全体をＧＩＳ（地理情報システム）を使って一〇キロメートルのメッシュに区分して、巣のある位置をそのメッシュで示し、同時にその巣のあったメッシュと巣のないメッシュの環境を比較して、巣のある環境の特徴を調べることにした。

その結果、十勝地方全域でまず一〇キロメートル四方のメッシュ数は一五一個（うち四〇メッシュは道路事情などによりアクセス困難で未調査）であったが、そのうちオジロワシの巣が確認されたメッシュ数は二〇一一年四月から二〇一三年八月までの調査で二一個

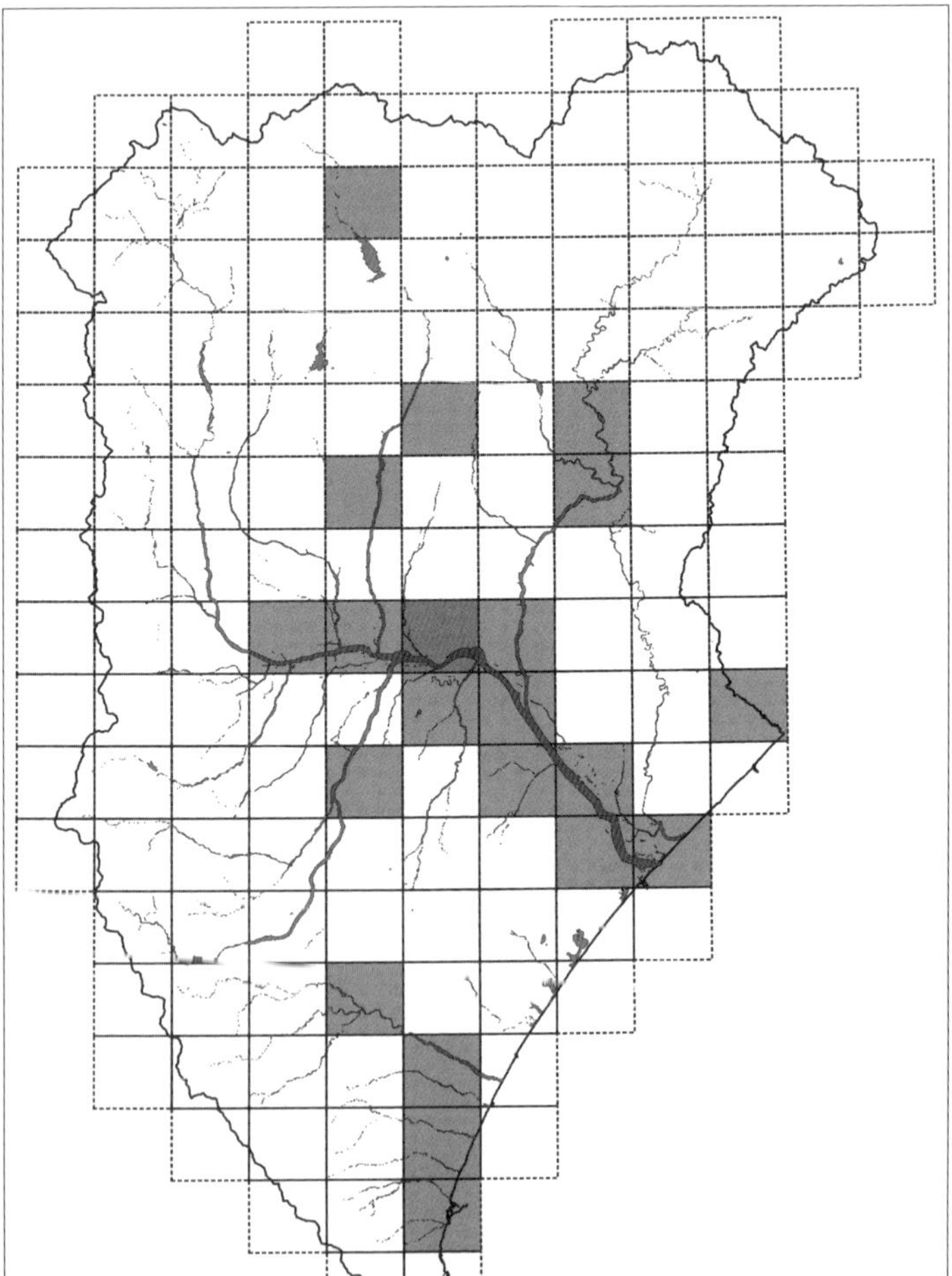

図 5–9　オジロワシの営巣が確認されたメッシュ（網かけ部分）。

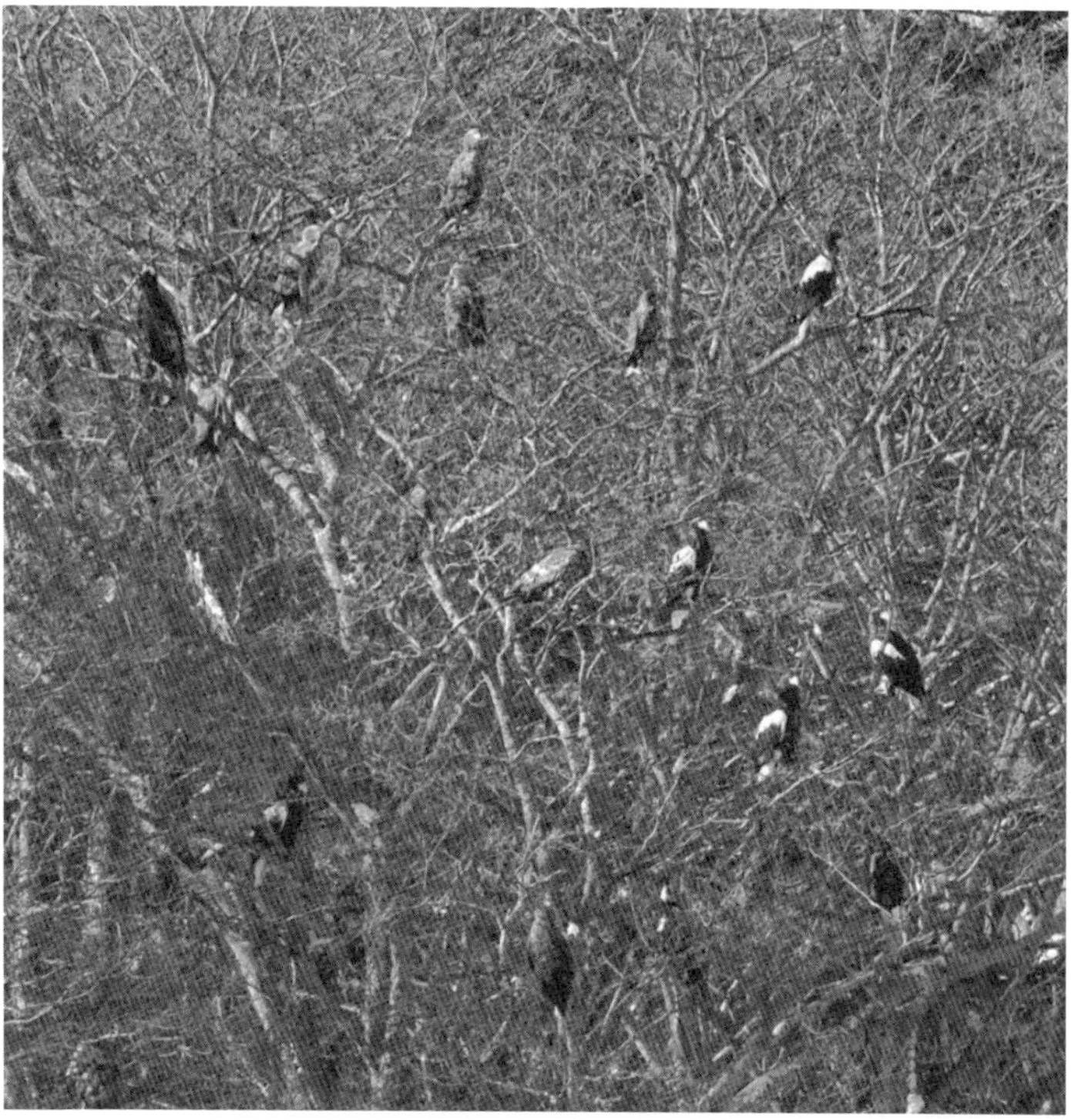

図 5-10　ワシのなる木。（撮影：広沢圭司氏）

であった（図5-9）。図に示すように、十勝川中流部から下流部にかけて川沿いに営巣地が分布しており、このことは数量的にも明らかで、営巣のあるメッシュでは河川などの水面の面積が多かった。オジロワシが魚類や水鳥をおもな餌としている海ワシであるために、当然といえば当然の結果ではあるのだが。また、北部など山間部ではいくつかのダム湖の周辺で営巣が確認されたり、巣は見つかっていないがペアで確認されている。

一方で、冬鳥として北海道と本州北部で越冬するオジロワシは約七〇〇〜九〇〇羽といわれている（環境省ホームページ）。

図 5–11　オオワシ vs オジロワシ。左と上がオオワシ、下と右がオジロワシ。（撮影：広沢圭司氏）

十勝地方でも越冬するオジロワシは、オオワシとともに一一月から一月にかけては川沿いで遡上するサケ類などの魚類を餌としており、魚を得やすい場所では「ワシのなる木」に複数のオオワシ・オジロワシが鈴なりになった状態で見られる（図5‐10）。越冬するオオワシとオジロワシは餌をめぐる小競り合いなどはあるが（図5‐11）、基本的には激しい競合があるわけではない。川を遡上する魚類が少なくなり、水辺の餌状況が厳しくなる二月から四月にかけては、一部の個体が山間部に滞在している。これらのワシ類にとっては、エゾシカの狩猟残滓やロードキルなどの死体が重要な餌となっていると思われる。

ワシ類とともに生きるために

十勝地方ではおもに山間部で繁殖するもう一種類のワシがいる。クマタカはタカという名がついているが，英語では hawk eagle と呼ばれ、ワシの仲間である。なによりイヌワシのいない十勝では森林性猛禽類の頂点に立つ鳥であり、大雪山系、日高山脈、白糠丘陵などの山間部で繁殖が確認されている（北海道猛禽類研究会 二〇一一）。越冬中のオオワシやオジロワシがクマタカのなわばりに入り込んで、空中で威嚇や攻撃されるのを見たことがあるが、とくにオオワシが相手のときはふだん大きく見えるクマタカが小さな猛禽に見えてしまう。ただ越冬しているオオワシやオジロワシはなわばりを持つわけではないので、クマタカの攻撃を適度にやりすごしながら飛び去ってしまう。彼らはクマタカにとって多少気にさわる存在かもしれないが、四月にはいなくなってしまうので繁殖には大きな影響はないと思われる。

クマタカにとって問題なのは、かつて海岸部で多く繁殖していた留鳥のオジロワシの営巣数が増え、内陸部に進出してきて、両者のなわばりが重複した場合である。とくに山間部のダム湖周辺で両者のなわばりが重なることが多く、クマタカの繁殖に対するオジロワシの影響が懸念される。

北海道内のオジロワシは、早いつがいでは二月中旬から卵を産み始め、抱卵（図5-12上）。四月中旬から五月にかけてヒナがかえり、巣内での子育ては約三カ月続く。その後、ヒナは巣の外に出るが、すぐには独立できず、親から餌をもらい続ける。クマタカの繁殖はオジロワシよりやや遅く、早いつがいで三月下旬から卵を産み始め、抱卵（図5-12下）。五月中旬から六月にかけてヒナがかえり、巣内での子育ては約三カ月続く。オジロワシ同様、ヒナは巣から外に出た後も親から餌をもらい続ける（北海道猛禽類研究会 二〇一一）。両者の繁殖時期は大きく重なっているので、なわばりも重なった場合に時間的・空間的なすみわけが成り立たず、しばしばなわばり内での空中戦が見られ、それぞれの繁殖への影響が懸念される。

図 5-12　抱卵中のオジロワシ（上）とクマタカ（下）。（自動撮影、提供：嘉藤慎譲氏・株式会社地域環境計画）

また、オジロワシのおもな餌は魚類と水鳥類、クマタカのおもな餌は森林性の哺乳類、鳥類、ヘビなどで餌をめぐる競合はさほど気にしていないのだが、もう一種類オジロワシと繁殖地や餌が大きくかぶる猛禽類がいる。ミサゴである。ミサゴは十勝地方でも内陸部のおもにダム湖などの湖沼で繁殖していたが、ここにオジロワシが進出してきた。ミサゴの餌はほぼ魚類なので、オジロワシと必要な餌資源がかぶり、ミサゴがとった魚をオジロワシが奪うケースも目撃されている。どちらかというとクマタカよりもミサゴに対する影響のほうが深刻では、と思っている。

環境省のレッドリストではクマタカは絶滅危惧ⅠB類で、第四次レッドリストで個体数の増加によりランクが一つ下がったオジロワシよりも危急性は高い。ただ、どうしても天然記念物であるオジロワシのほうが保護にあたってのウエイトは重く見られがちである。ましてや準絶滅危惧でランクのもっと低いミサゴに至ってはいうにおよばず、である。もともとそこに住んで、繁殖をしていたクマタカやミサゴがオジロワシの進出により、繁殖に影響を受け、最終的にはその場所から移動してしまうようなことはなんとか避けたい。

しかし、人と動物との間の軋轢であれば、人に働きかけそれを緩和することが可能であればまだ手は尽くせるのであるが、鳥どうしの軋轢に人が手を出すことはほんとうにむずかしい。それに人間の活動がなんらかのかかわりを持っている場合、それを見過ごすわけにはいかないと思うが、正直なところ当分はなりゆきを見守るしか打つ手がないといった情けない状況である。

最初にワシどうし、あるいは猛禽どうしの関係について触れたが、人とワシの関係はどうであろうか?　明治時代までワシ類は北海道の主要な産物の一つであり、矢羽のための羽をとるために数百羽単位で捕獲されていた。一九〇〇（明治三三）年に北海道庁植民部が出した「北海道植民状況報文」には標茶《しべちゃ》町虹別のワシ猟で明治二四年ごろまでは冬の間に一〇〇羽、二〇〇羽ととることができ、この地方の重要産物であったが、明治二五年以降に小銃を用いるようになって急激に数が減じたと報じている（更科・更科 一九七七）。

個体数の減少によりワシ類は保護されるようになり、現在は天然記念物の指定により捕獲されることはなくなったが、鉛中毒、感電、ロードキル、レールキルなどの人為的原因によって死亡する個体がいる（柳川・澁谷 一九九六、齊藤 二〇〇九）。幸いなことに十勝地方ではこれらの事故が釧路、根室地域に比べて少なく、私の三〇年以上の経験のなかでは鉛中毒のオオワシを一例解剖した経験があるくらいである。

しかしながら、車や列車に衝突した事故例は道東地方を中心にオオワシで二〇件（車一一、列車九）、オジロワシで三八件（車二六、列車一二）報告されており、列車事故に遭った個体の消化管からは轢死したエゾシカの肉が検出されることが多い（齊藤・渡辺 二〇一二）。車との事故でも同様に、ロードキルのエゾシカの死体に集まるオジロワシやオオワシが二次災害に遭う可能性があり、早急な死体の除去などの配慮が必要であろう。また、シマフクロウ、オジロワシ、クマタカなどが道路を低く飛んで横切る可能性のある場所では、車より高い位置を飛ぶための防鳥フェンスの設置が行われている（中村 二〇一三）。

近年、北海道ではオジロワシの風力発電の風車ブレードへの衝突死が問題になっているが（白木 二〇一二）、十勝のワシにとって幸いなことに、十勝地方は太平洋側で風力発電の候補地としては不向き

図 5-13　ワシクルーズの一コマ。ボートでは比較的近くまでワシなどの鳥類に接近できる。（提供：北海道開発局）

のようで風力発電の施設はなく、衝突の報告もない。このまま状況が変化しない限り、風力発電施設との衝突問題に関しては、十勝では頭を悩ます必要はなさそうである。

最後にワシ類の観光資源としての有効活用について述べたい。多くのオジロワシ・オオワシが川沿いで越冬する一一月から一月上旬にかけて、十勝川中流部ではワシクルーズというボートで川を下りながら、ワシ類やタンチョウ、カモ類などの水鳥を観察するツアーを日本野鳥の会十勝支部の協力で定期的に開催している（図5-13）。このクルーズではオジロワシ、オオワシそしてタンチョウをほぼ一〇〇パーセントの確率で見ることができ、とくに海外や本州からの旅行者にも好評である（柳川 二〇一三d）。

また河口部まで足を伸ばせば、秋と春の渡りの時期にはハクチョウ類をはじめ、マガンやヒシクイ（オオヒシクイとヒシクイの二亜種を同時に見ることが可能）が群れで滞在している。かつてはまれな渡り鳥であったハクガン（柳川・武藤 一九九一）やシジュウカラガンもコンスタントに訪れるようになり、タンチョウやワシ類を含めて、一度に何種類もの天然記念物などの希少な鳥類をバードウォッチングできる格好の場所となっている。

第6章
大型動物と付き合う

エゾシカとヒグマが自然のなかで見せるその姿の雄壮さ、美しさは北海道の自然を代表するものの一つである。一方で、人との軋轢の大きさでもまた、北海道を代表する二種類の大型動物でもある。第3章で示した生物多様性の維持と害獣の通り道という「光」と「陰」の部分が、そのままこの二種類にもあてはまる。この大型動物たちと人がともに生きていける北海道であるために私たちができることはなんであろうか?

1 エゾシカ

農業被害

まずは北海道での人とエゾシカ（以下、シカとする）の軋轢を示す量的な指標として、シカによる農林業被害額と交通事故件数（ロードキル数）の年変動を図6-1に示す。農林業被害はシカの行動の妨げとなる積雪が少なく、個体数が多い道東（十勝・釧路・根室・網走）で昭和の終わりごろから増加し始め、一九九六年度に五〇億円を突破した。そのため北海道庁では一九九八年に「道東地域エゾシカ保護管理計画」を策定し、個体数を管理して被害を減らすことを目指した。結果として二〇〇四年度にはピーク時のおおよそ半額の二七億円まで被害額が減少したが、その一方で被害が北海道西部にも広がり始め、つまりシカの個体数が全道で増加し始めたため、被害額がふたたび増加した（武内 二〇〇九）。現在（二〇二三年）は全道的な「エゾシカ管理計画・第六期」が進行中で、被害額は二〇一一年度に二度目のピークの六六億円に達したのちに減少し始め、近年では四〇億円台になっている（https://www.pref.hokkaido.lg.jp/ks/skn/higai.html）。

十勝地方では計上されている農林業被害額はほぼすべて農業被害額で、二〇一二年度に九億円を超えるピークに達したが、その後少しずつ減り始め、二〇二一年度は四億七〇〇〇万円とピーク時の半額近くまで減少している。同じ年度の北海道全域の農林業被害額が四四億八〇〇〇万円なので、十勝地方の

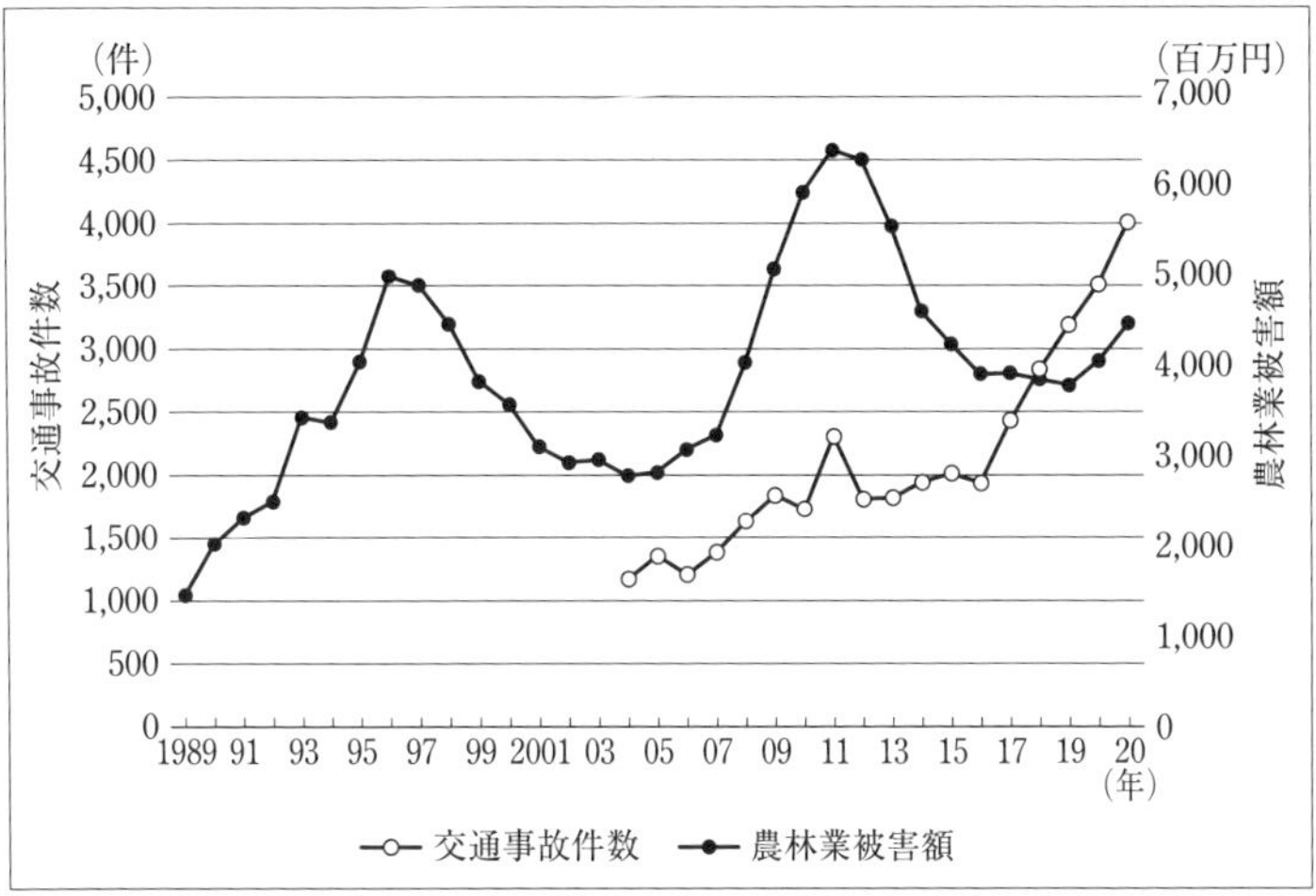

図 6-1　エゾシカによる農業被害額と交通事故件数の変遷。（北海道環境生活部などの資料により野呂美紗子氏作成）

被害額はそのほぼ一割強である。もちろん四億七〇〇〇万円という額はけっして小さい額ではないのだが、十勝全体の農業生産額（一一三八億七〇〇〇万円）や耕地面積（二五万四六〇〇ヘクタール）が北海道のほかの地域と比べ一桁、あるいは二桁大きく、シカの個体数も最大一三万とけっして少なくない十勝で釧路、上川、網走よりも少なく、四番目の被害額というのは、被害実態を調べていて正直かなり驚いた数字であった。

その理由はいくつかあると思うが、一因として十勝人の気質があると思う。北海道内の各地が官主体で開拓が進んだのに対し、十勝の開拓は民主体で進んでいった。そのことが現在の十勝人の気質にも反映しており、良くも悪くも問題の解決を北海道（庁）などの中央だけに頼らず、各町村や個人・農業団体などが独自に動く。また、単一の市町村だけでなくオール十勝として地域を売り込み、守る意識が強い。そのため動きがスピーディーで、他地域に先駆けてものごとが進むきらいがある。俗に「十勝モンロー主義」と呼ばれる気質なのだが、各地域の農業団体や農家個人の豊富な資金力も電気柵や防御柵の設置など被害対策の推進に寄与しているのであろう。

とはいえ、年間四億円台の農業被害を減らす努力は必要であるし、地域の大学としてその役に立たなければいけない。そこで帯広市のおとなりの芽室町とシカに加害されやすい畑を特定する共同研究に取り組んだことがある。シカに狙われやすい畑の周辺での駆除や柵の設置で、より有効に防除策を機能させようというもくろみである。この研究には町が各農家に行っている農業被害のアンケート、農協からお借りした作付け図、そして河畔林や防風林に配置した自動撮影カメラのデータを用いた（大熊ほか二〇一九）。まずは自動撮影カメラのデータからおおまかなシカの動きをつかみ、またアンケート結果の被害状況を作付け図の情報に落とし込んで被害のあった畑を「見える化」した。これが第3章の図3-11なのであるが、そこでも示したように河畔林と防風林に接する畑で被害が認められた。ここまでは予想どおりで研究としては順調であったのだが、ここから先に頭を悩ませる問題があった。

十勝地方でとくに特徴的な「輪作」という畑作のシステムがその原因である。毎年同じ作物をつくり続けると、土壌の特定の栄養分が失われ、病害虫などの発生率も高くなる。そこで「畑作四品」と呼ばれるビート（甜菜）、豆類（小豆・大豆などの豆類）、ジャガイモ、小麦を一つの畑で一年ごとに作物を変えて、四年周期のローテーションで回していくのが一般的である。芽室町でシカの被害面積の多い作物は小豆、ビート、大豆などの豆類、小麦、コーン類、ジャガイモの順（大熊ほか 二〇一九）で、これらの作物をつくる畑は年ごとに場所が変化する。

また、それぞれの作物によってシカの好む時期が異なっていて、たとえばビートなら春先のポット植えの苗の時期と夏の根菜の部分がまだ柔らかい時期によく食べられているし、豆類は狙っていたかのように秋の収穫の直前に食べられる、という話を農家さんから聞いた。つまり作物の場所も好まれる時期も変化するので、いつ、どこをガードすればよいのかが非常に複雑で、守る側としてはお手上げ状態である。ただ、これは攻める側のシカなどの害獣にもいえることで、いつでも決まった場所と時間に好みのものが得られるわけではない。そこはおたがいのかけひきで、守ったり攻めたりの攻防戦である。

けっきょくのところ、シカの農業被害対策にはいくつかかかわったものの、これは、という決定的な解決策はいまだに出せないでいる。害獣の通り道である河畔林沿いにフェンスを設置したこともあるが、その場での侵入を防げても、ほかの場所から入ってしまう。あとは、研究で得られた結果をわかりやすくホームページやリーフレットで紹介したり、大学の行うリカレント（社会人）教育として、獣害防除のための座学や害獣などの捕獲実習、獣害対策の「人への伝え方講座」などを行っているのが現状精一杯なのである。

ロードキル

ふたたび図6-1に戻ると、農林業被害は最近少し額が増えているものの、全体としては減少傾向にあるのと比べ、ロードキル数はいぜん右肩上がりに増え続けている。北海道ではエゾシカのロードキル問題（図6-2）について、比較的古くから取り組み（大泰司ほか 一九九八）、また、地道にコンスタントに研究や対策を続けてきた、と思う。たとえば「野生生物と交通」研究発表会（北海道開発技術セ

図 6-2　自動車と衝突して怪我を負い、道路沿いにたたずむエゾシカ。（撮影：野呂美紗子氏）

ンター主催）は二〇〇二年から現在まで毎年開催され、これまでのエゾシカのロードキル問題に関する発表は八〇件を超える。それらの成果は、たとえばロードキルの原因や傾向に関するもの（野呂 二〇二三、佐藤ほか 二〇二三）、具体的な対策に関するもの（原 二〇二三a、b）にまとめられており、北海道内各地での努力は今も続けられている。

これらの地道で熱心な調査・研究や実際の対策にもかかわらず、ロードキル件数は北海道全体としてはいまだに増え続けている（佐藤ほか 二〇二三）。たとえば調査段階で私もかかわり、シカの個体数の多い地帯を通ることがわかっていたネクスコ東日本の道東自動車道などの高速道路では、道路造成時からほぼ全線にわたってシカ用フェンス（エゾシカ対応立入防止柵）を備えており、しかも当初一・五メートルの高さであったフェンスを本州などのニホンジカと比べて体の大きなエゾシカの運動能力に合わせて二・五メートルに嵩上げしているため、事故件数は少ない。また、フェンスを備えた高速道路で分断される野生動物の行き来を可能にするため、各種の横断施設が比較的豊富に設置されている（石村ほか 二〇一四、二〇一五）。北海道開発局が管理する高規格幹線道路・帯広–広尾道でも第2章で述べた十勝管内更別《さらべつ》のオーバーパスなど、あらかじめ事故多発が予測される場所にはシカ用の横断施設を備えるなど、事故を減らす工夫が要所要所でなされている。

しかし、北海道全域の既存の国道、北海道の管理する道道、市町村の管理する道路や農道のすべてにフェンスを完璧に備えたり、新たな動物用横断施設を多数、あるいは一定の間隔で設置することは不可能である。そこで、事故が多発する場所では、その場所で可能な対策が必要になってくる。私たちもかなり初期の段階から、既存の道路での事故多発地帯の特徴や事故が多くなる原因に関する研究（野呂・柳川 二〇〇二、二〇〇三、明石・柳川 二〇〇九）を進めてきた。場所場所によってそれがたとえば、春先にいち早く雪解けが進む斜面でそこの草を食べに集まるその時期に事故が集中するところ、秋の渡りの通り道になっている場所、侵入防止フェンスの切れ目の場所など原因がさまざまで、それによって対策も変わってくる。個々の場所で効果が見られる対策も広い範囲で汎用なものはなかなか見つけられないでいた。

そこで、とにかくは道路沿いに出てくるシカに対して有効な方法の候補として、警戒声などの音声を用いたシカの飛び出し抑制効果について研究を始めた。この研究を始めるきっかけとなったのは、帯広市から旭川市に向かう国道二七三号でエゾシカのロードキルが多発し、その対策に北海道開発局、北海道開発技術センターとともに取り組むようになったからである（神馬ほか 二〇〇七）。この国道でとくに事故が集中するのが十勝管内上士幌町糠平《ぬかびら》から三国峠《みくにとうげ》にかけてで、この区間は大雪山国立公園内に位置するため、個体数が多くともシカなどの駆除はもちろんできないし、景観を損なう構造物の設置にも規制がある。そこでフェンスや看板などを使わずに事故を減らす方法として、走行中の車からシカの警戒声に類した音声を流し、シカの道路への進出を思い止まらせることができないかと考えた。

まずは最初の実験として、道路沿いで草を食べたり、休息しているシカを見つけたら、そのそばに車を停めてビデオでその様子を撮りつつ、音声を流してシカの反応を見た。普通は道路のすぐそばで草を食べているシカのそばに車を停めたら、野生のシカは逃げるだろうと思うかもしれないが、このあたりのシカはそんなことでは逃げないのである。それで、まず音を流さずに三〇秒間ビデオを撮った場合をコントロールとした。流した音声はアメリカで市販されている二タイプのディア・ワーニング・ホイッスル（図6-3）と呼ばれるもので、タイプAがピーという連続的な機械音、タイプBがピッピッピッという断続的な機械音であった（鹿野ほか 二〇〇六）。

ビデオでの撮影のみ、タイプAの音声を流したとき、タイプBの音声を流したときのシカの反応を記録した。それぞれの実験は別の日にやっていて、違う音声を連続して流したりはしていない。シカの行動は警戒行動（注目・静止・逃走など）と通常行動（採食・休息・毛繕いなど）に分けた。その結果、コントロールでは五一パーセント、タイプAでは六七パーセント、タイプBで九五パーセントの個体が警戒行動を示した。また、三〇秒間の観察時間内での警戒行動の時間もコントロールで平均六秒、タイプAでは一二秒、タイプBで二二秒であり、警戒行動を示す個体の割合も警戒の持続時間もタイプBのホイッスルの効果が有意に高かった（鹿野ほか 二〇〇六、二〇一〇）。

そこで次に、もっとも効果があったタイプBのホイッスルを使って走行する車から音を流す実験を行った。この実験では二台の車で走行し、道路沿いにシカを見つけたら一台はその場に停まってビデオで撮影する。もう一台はそこから先に行き、一キロメートル先で停止し、ターンしてホイッスルを流しながらゆっくりと走る。この実験でシカにどのくらい近づけば警戒行動が始まり、どのくらい離れれば警戒行動が終わるのかがわかる。結果は試した二三個体のシカのうち二一個体が警戒行動を示し、そのうち二〇個体はホイッスル車が通過する前後五〇〇メートル以内で警戒行動を開始し、終了した。とくに一〇〇メートル以内に近づいてから警戒する個体が一六個体ともっとも多かった。

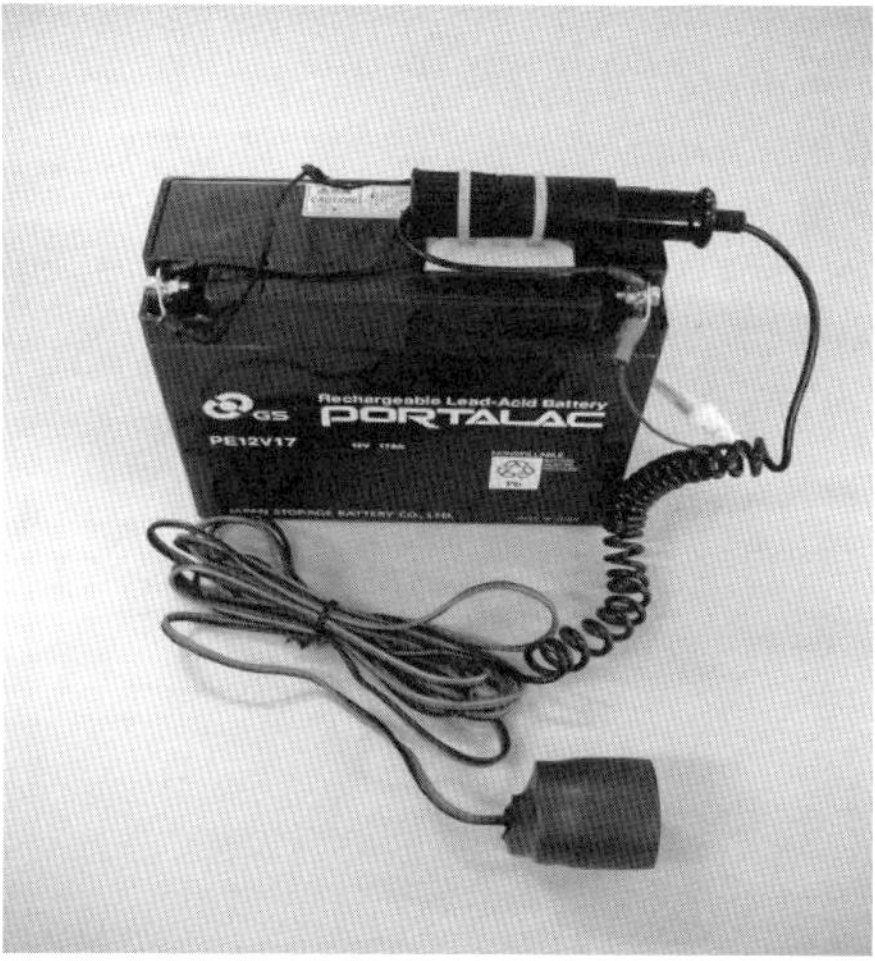

図 6–3　ディア・ワーニング・ホイッスル（タイプB）。タイプAも基本的には同じような構造。

以上のような結果で、このディア・ワーニング・ホイッスルはかなり有効であることが確かめられたのだが、実際にこれを扱ってみるとけっこう不便であることもわかった。まずなにより容量が大きく狭い車のなかで場所をとるし、バッテリーが付属するのでかなり重い（図6-3）。そこら辺を無視で売られてるところがさすがアメリカだなと思ってしまうが、これを日本で使うには工夫が必要である。また、アメリカから大量に輸入というのも現実的ではない気がして、いっそ日本でエゾシカの警戒声を使った製品が開発できないかと考えた。

そこで実際のシカの警戒声を使っての実験を西興部《にしおこっぺ》村の鹿牧場（鹿野ほか 二〇〇七）やおびひろ動物園（石村ほか 二〇一三）で行った。結果としてシカの警戒声も、当然といえば当然かもしれないが、警戒行動を促す効果が認められたものの、とくにおびひろ動物園で認められた「慣れ」に関する結果はちょっとショッキングだった。一日に二回、五日以上の間隔をあけて五度の実験を行ったが、回を追うごとに警戒行動を示す個体が少なくなった（図6-4）。データとしてはほんとうにきれいな結果で、研究としてはすばらしいのだが、研究の成果と目指すところとのギャップで、私自身どんどん元気がなくなっていった記憶がある。まあ、そんなこともあって音声を用いる検討は中断してしまったが、現在でも新たな研究が北海道科学大学（松﨑ほか 二〇二一）や岡山理科大（辻ほか 二〇二三）で進行中で、いろいろな面でそれを応援していきたいと思っている。

ちなみに、おびひろ動物園のシカには音声だけでなく、ある光学メーカーとLEDやレーザー光をあてて追い払えないかと、忌避行動を調べたことがある。人であればまぶしくて目を開けてられないほどの強い光をあてても、平気で目を開けたまま餌を食べているシカを見て、いっしょに実験に付き合ってくれた飼育担当者が「エゾシカ最強ですね」と笑っていたのに、苦笑いでうなずくしかなかった。このときもわざわざ本州からいろいろな機器を持ってきてくれたそのメーカーの人と意気消沈して帰ったのを思い出す。どうも、農業被害対策にしろロードキル対策にしろ、ほんとにエゾシカ手強くて（にぶいというのか、ずぶといというのか）、やられっぱなしのような気がする。

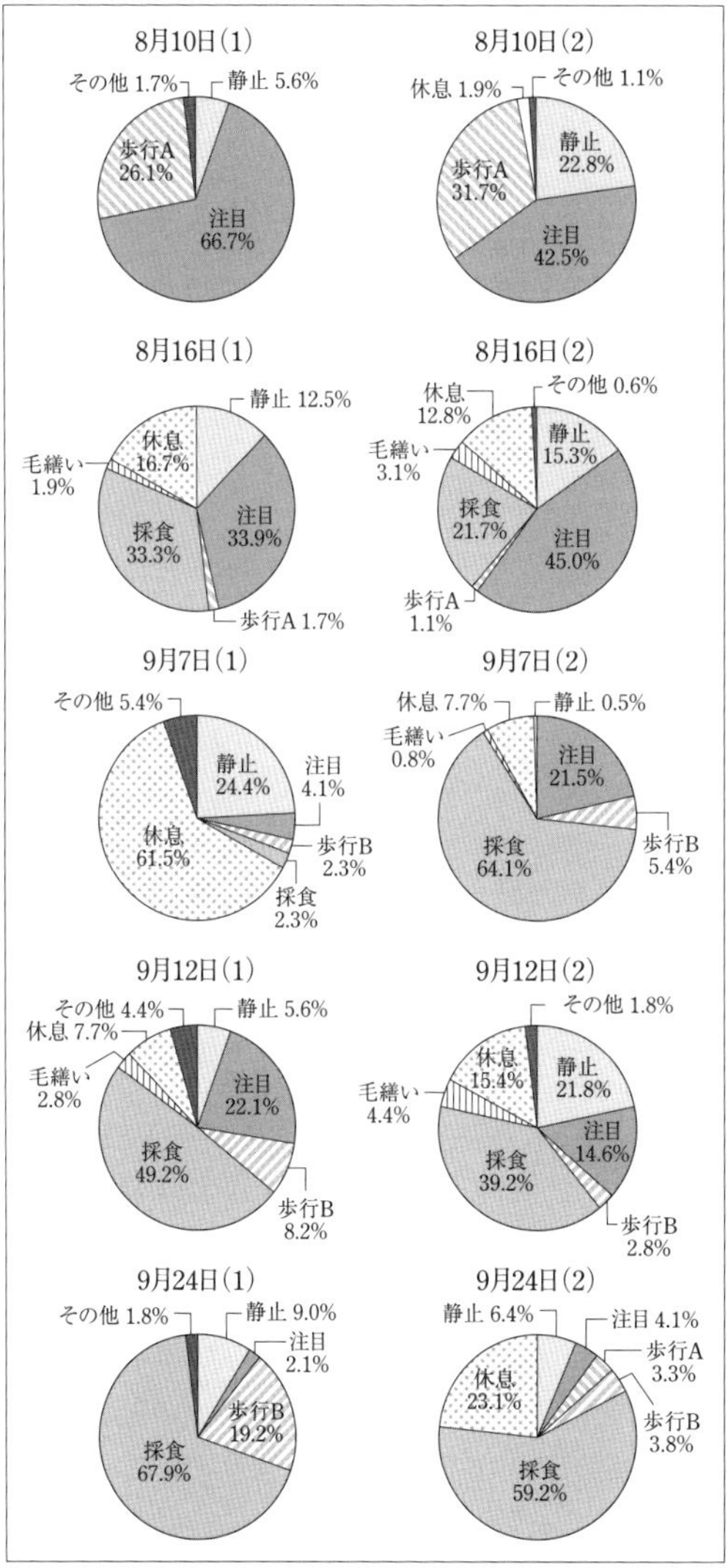

図 6-4　おびひろ動物園で飼育されているエゾシカの警戒性に対する反応。5日間の実験で、静止と注目が警戒した行動、それ以外が非警戒の行動。日を追うごとに警戒行動の比率が下がっているのがわかる。

2　ヒグマ

市街地、農耕地への出没

新聞報道によると二〇二一年（度）は、公式の記録が残る一九六二年以降で人とヒグマの軋轢がもっとも甚大であった年で、見出しにも最悪・最多の字が並んでいる。まずは人身の被害として死亡した方が四名、負傷が一四名、ヒグマの捕殺数は初めて一〇〇〇頭を超える一〇五六頭であった。農業被害額もデントコーンなど二億六二〇〇万円でこれも過去最多額であった。北海道が発表する最新のヒグマの推定生息数は一万一七〇〇頭（中央値）でこれも過去最多、二〇一七年以降は毎年の捕殺数が八〇〇頭を超えているが、生息数が減少している兆しはない。総務省北海道管区行政評価局が行ったアンケートで、回答のあった北海道内一七三市町村の九五パーセントで過去五年間にヒグマの出没があり、八〇パーセントの自治体で作物や家畜などの被害があった。

私がヒグマと（十勝の）人の生活・生産との関係に興味を持ち、あるいはなんとかしなければ、と思い始めたのは比較的最近になってからで、二〇一三年に帯広市で開催されたヒグマフォーラム「十勝平野で人とヒグマの関係を考える」（主催：ヒグマの会、共催：帯広畜産大学）が一つの契機だった。このフォーラムは毎年北海道内の各地で開催されており、現地のホストとして前年の札幌での参加者が八〇名程度だったため、多くても一〇〇名を超えることはあるまいと思っていたら、二〇〇名を超える参加者で立ち見も出るうれしい誤算となり、十勝の人たちのヒグマへの関心の高さに驚いた。内容も発表者が大学の教員や学生・研究者だけでなく、北海道（総合振興局）や近隣町役場の職員、猟友会など基礎と応用のバランスがほどよいフォーラムだったのが幸いしたのかもしれない。私も第3章で述べた河畔林や防風林がヒグマの通り道になっているという基礎と応用の橋渡しのような発表を心がけ、会場の方からいくつかの質問やご意見をいただいた。

このフォーラムでは、発表の翌日に何名かの希望者と実際にいくつかの現場をめぐるエクスカーションが催された。私も実際に河畔林から畑にヒグマが侵入した経路を案内したし、ヒグマが放牧されている牛を襲ってその死体を埋めた現場も見学した。なかでも心に残ったのは、二〇一〇年に帯広市の郊外で山菜採りの方が親子三頭のヒグマに襲われて亡くなった現場が、コミュニティセンターの駐車場から数歩の場所であるのを実際に見て、こんなところでと思ったことと、その場に置かれたお線香の香りであった。実際に、そういう経験を持つと、ことの重大さがより身に染みて思いやられる。また、そのころに有害鳥獣駆除された、まだ幼稚園児程度の大きさのクマの子の射殺体を解剖したことも、同じくらいの年代の子を持つ父親として心に傷を残したと思う。

そこで、まだヒグマの研究を始めるというしっかりとした意志は持っていなかったが、少しずつ十勝でのヒグマと人の関係の資料を集め始めた。まずは人身の被害であるが、これは少なく、先にあげた二〇一〇年の帯広市の死亡例のほか、近年では人的被害は見あたらなかった。次に農業被害であるが、これは北海道の統計があり、最新の二〇二一年度では四六〇〇万円であった。被害の多い作物は圧倒的にデントコーンで、次いでビート、小麦、スイートコーンの順である。キツネやアライグマが同じコーン

図 6–5　市街地（十勝管内広尾町）に出てきてわなで捕獲されたヒグマ。（提供：十勝毎日新聞社）

でも柔らかく糖分の多いスイートコーンを好むのに比べ、ヒグマはデントコーンを好むのが嗜好によるものなのか、あるいは山に近い畑でデントコーンが栽培されることが多いので、場所によるものなのか、その双方か。小麦の被害のあった畑もいくつか視察したが、食害というよりも小麦畑のなかでゴロゴロところげまわって遊んだような跡があり、穂が倒れて機械で刈り取れなくなったための被害が大きいようであった。

同じく北海道の統計のあるヒグマの駆除数は、十勝管内全体で二〇二一年度一七九頭、近年では最高数であるが、ここ数年毎年のように、五〇頭を超えている。市街地の出没（図6–5）に関しては過去一〇年間の北海道新聞の地方版と地方紙である十勝毎日新聞の記事を検索し、市街地への出没の時期、場所、状況などを記録した。その結果、いくつかの傾向が見えてきた。河畔林に置いた自動撮影カメラで追ったヒグマの移動は、季節による多い少ないはあるが、五月から一一月までの期間を通じてコンスタントに記録されている。ところが、新聞記事で報道される市街地への進出は、十勝では五月のゴールデンウィークごろから六月上旬までと一一月下旬から一二月上旬のほぼ二つの期間に集約されることがわかった。じつは、二〇一七年一二月には私が勤務する大学の敷地をかすって親子連れのヒグマが移動したことがあり（柳川 二〇一九）、それ以来学生には講義で、とくに前述の時期にはたとえ市街地であっても薄暮薄明時や夜中に川まわりに近づかないようにと指導している。

お返しというわけでもないが、せっかく新聞から得た情報なのでそれを還元するために、過去と現在の新聞記事から読み解く野生動物と人の関係に関する連載記事を地方紙の十勝毎日新聞の電子版と紙面版で連載し（二〇二一年一月一〇日から一月二〇日と二〇二一年四月三〇日から五月一日）、この連載はその後、ヒグマだけでなく「タンチョウ」「エゾリス」「エゾシカ」と続いている。また、十勝のヒグマと人に関するリーフレット「ヒグマと共に生きるために」をつくり、大学校内や図書館、動物園などの公共施設に置いてもらい、ヒグマを知ってもらうことを心がけた。これらの試みが、人の目に触れることによって、きっと次で述べるヒグマと林業との共存を考える研究にもつながっていったのだと思う。

ヒグマと林業との共存

北海道森林管理局での「林業と羆（ヒグマ）」と題した講演のテキスト（https://www.yasei.com/ringyo）によると、一九七〇〜二〇〇四年の三五年間に起こった林業関係者とヒグマの事故は一六件で、およそ二年に一件の割合で起こっている。最近でも二〇二一年六月に道東の厚岸《あっけし》町で伐採のための測量作業をしていた作業者が襲われ、二〇二三年二月には函館市で枝の剪定作業中の作業者が負傷している。ヒグマによる死傷の全体数から見ると林業関係者（一三パーセント）は狩猟関係者（四〇パーセント）、山菜・きのこ採り（二六パーセント）に次ぐ数（北海道ヒグマ管理計画第2期資料編：https://www.pref.hokkaido.lg.jp/fs/6/5/1/9/8/9/1/_/07_別冊資料編［素案］）で多いとはいえないかもしれないが、ヒグマに遭遇するリスクのもっとも高い職業の一つである林業とヒグマの共存に関する研究はもっと行われる必要があると思っていた。

私はヒグマの専門家ではないし、「ヒグマと林業は……」なんて話をよそでした覚えもないのだが、不思議とそういうときはそれに見合った仕事の依頼がきたりするもので、苫小牧《とまこまい》市のある民有林のオーナーとその林を管理している本州の企業から、「ヒグマと林業の共存」に関する研究の依頼があった。まさか還暦を過ぎて、しかも慣れない十勝の外でヒグマの研究に取り組むとは思わなかったが、ここでこの仕事を断ると先に述べた自分の思いを裏切ることになるし、幸いなことに私が指導する学生もこの仕事に興味を持ってくれたので、若い力も借りてお引き受けすることにした。

この林は、現在も木材生産を行っている民有林であるが、昔からヒグマなどの野生動物のコリドー（回廊、通り道）として重要な場所であることが知られていた地域で、過去には有名なトラジロウと名づけられたヒグマが移動に使っていた（青井 二〇一二）。現在は管理を委託されている企業の指導によって持続可能な森林経営を目指すための国際的な基準・指標である「モントリオール・プロセス」を導入しており、木材生産と生物多様性の保全を両立した森林経営を実施している（https://www.montrealprocess.org/）。

さて、そこでの仕事を引き受けるにあたり、企業との共同研究であることから、スピード感を持って進めることとし、まずは三年計画で考えることにした。最初の一年は状況を把握するための予備調査、二年目はその予備調査をもとに方針決定のための本調査、そして方針を決定し、実施を始めた後の三年目はその方針で正しいかどうかのモニタリングと必要であれば方針の微調整や軌道修正を考える……である。じつは、この原稿を書いている現時点（二〇二三年）はその三年目にあたり、昨年度に決めて実施していることのモニタリングとそれに加えてできることを考えて実施中なのである。

林の概要としては、面積は約九〇〇ヘクタール、新千歳空港の南西約二キロメートルとけっこう人の利用の多い地域に位置する林である。樽前山《たるまえ》、風不死岳《ふっぷし》、紋別岳《もんべつ》から東に伸びる斜面山すその緩やかな傾斜地で、水鳥の飛来地として有名なウトナイ湖へ流れる河川の源流域でもある。林内にはカラマツの植林とミズナラなどの落葉広葉樹の二次林が広く分布している。

最初の一年（二〇二一年度）は予備調査として、林内のどの位置をヒグマが利用・通過しているかをおおまかに把握するため、あらかじめ利用が想定される沢筋の林道と林に接する高速道路のカルバートなど一三カ所にカメラを配置した。そのほか林内にある足跡や糞などの痕跡も地図上に落として、その点を結ぶことでヒグマの移動ルートの把握に努めた。その結果、九カ所のカメラでヒグマが九八回撮影された。その結果をもとに二年目の本調査では、二つのヒグマの移動ルートを想定し、まずはそのルート上にカメラを設置した。一方で、ルートの候補地からは外れるが、二〇二二年度末からの皆伐や間伐などの林業作業が予定される場所にもカメラを配置して、ヒグマの出没状況を調査した（柳川ほか 二

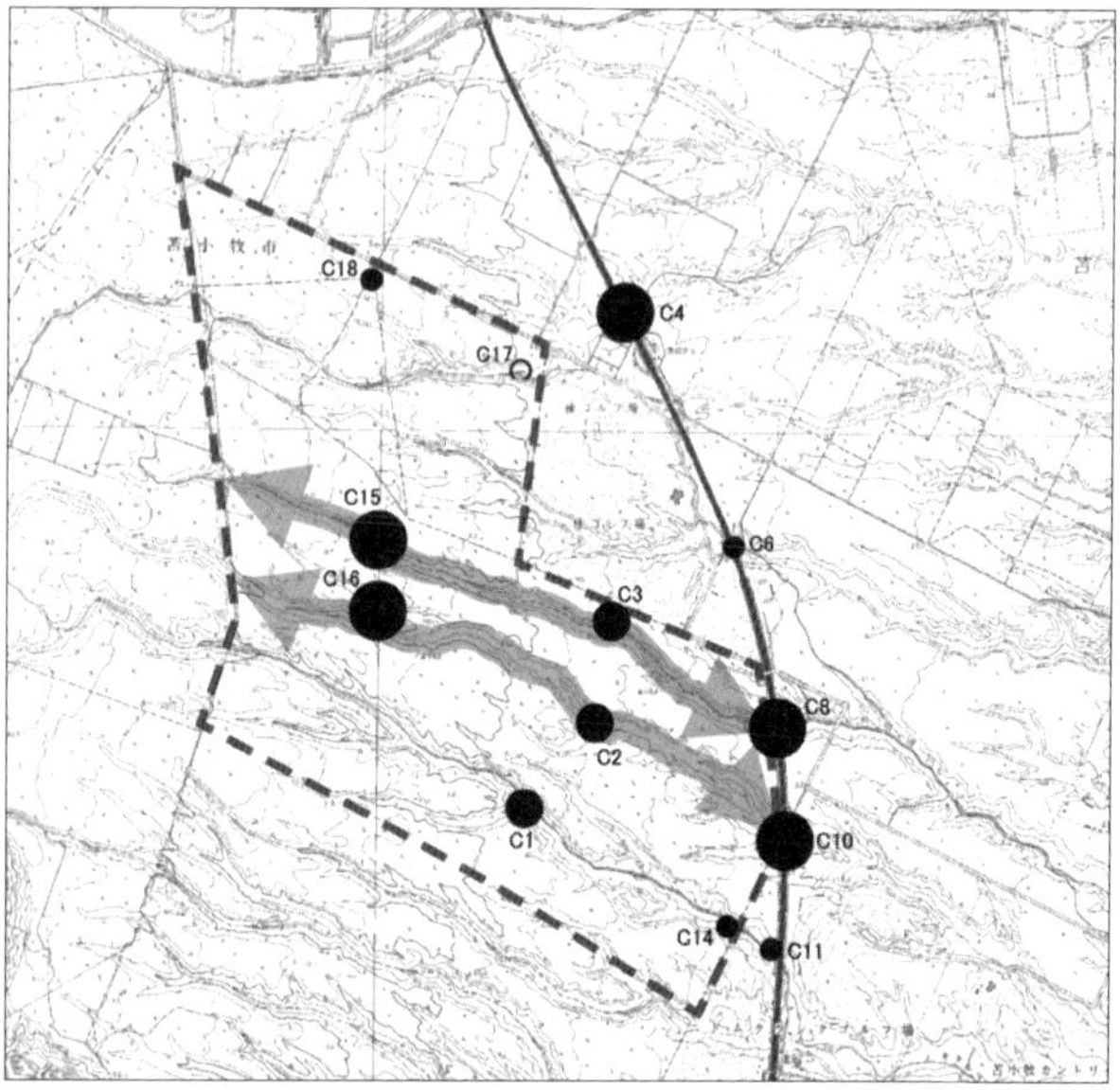

図 6-6　ヒグマのおもなコリドー（移動ルート）と想定された部分（網かけの矢印2本の部分）。このコリドーでは基本的に林業の作業は行わない。

〇二三）。

二年目の本調査の結果、やはり想定した二つの移動ルート上のカメラでの撮影枚数が圧倒的に多かったため、まずはヒグマの移動ルート（コリドー）と確定して、このエリアをヒグマの移動を優先する部分とし、基本的に林道の補修など以外は作業を行わないこととした（図6-6）（柳川ほか 二〇二三）。つまり、この部分はヒグマと林業の空間的すみわけを実施するゾーンである。一方で、この二つのルートほど頻繁ではないが、二〇二二年度末から伐採などの作業が予定される場所でも、ヒグマは撮影された。そこで、この部分ではヒグマと林業の時間的すみわけを考えるゾーンとした。最初に考えたのは、ヒグマが頻繁に出没する季

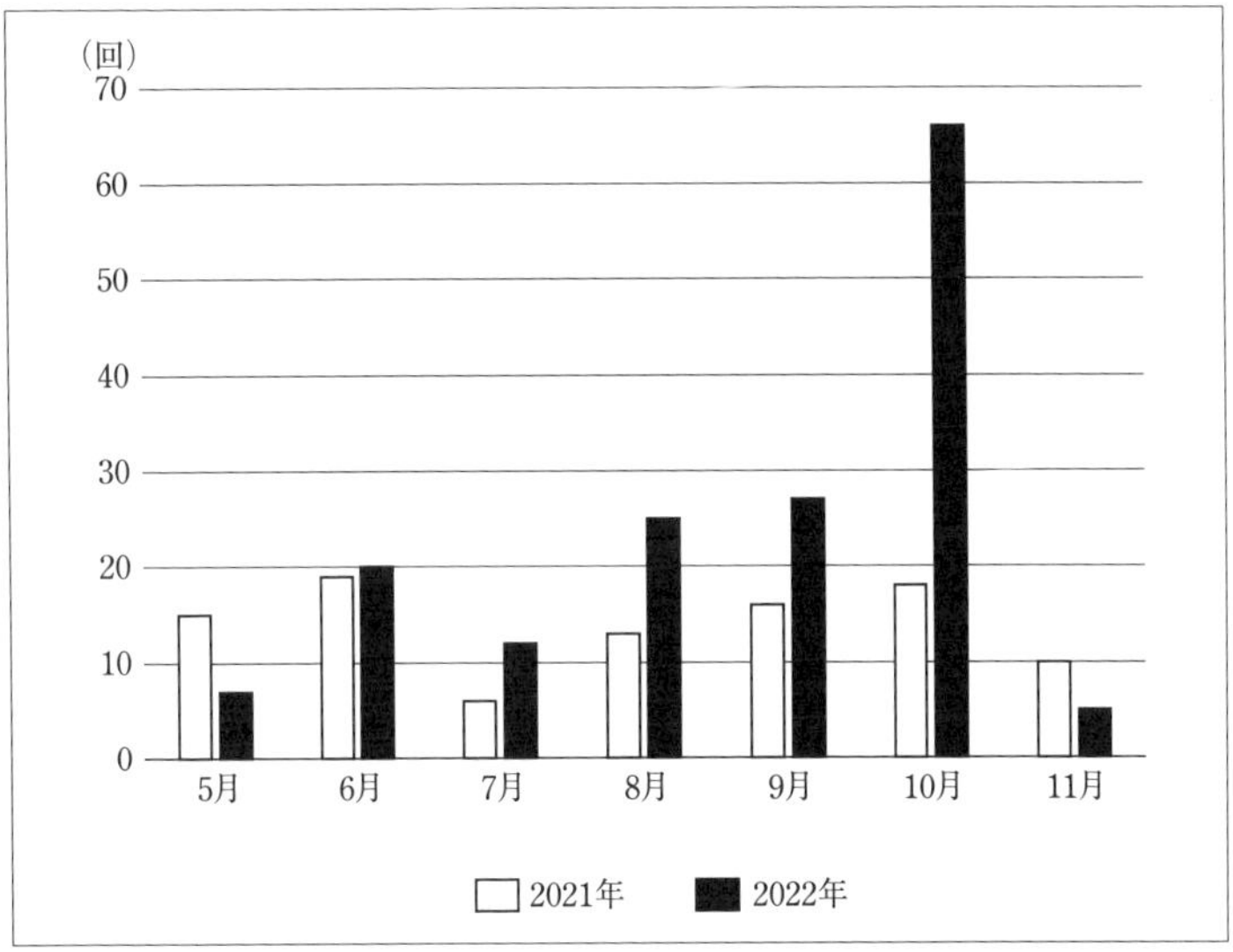

図 6-7　ヒグマ撮影回数の季節変化。5 月から 11 月にかけてはこの場所でヒグマの写らない月はなかったので、季節的なすみわけはあきらめた。

節を避けて、作業を行うことができるかどうか、である。そこで二年間のヒグマの撮影記録を月ごとに見てみた（図6‐7）。その結果は、月ごとに多少の増減はあるがヒグマが記録されない月はなく、とりあえず季節的なすみわけはあきらめた。ちなみに、二〇二二年一〇月に値が突出して多いのは、同じ場所で同一と思われる個体が何度も撮影されたためで、どうしてそのような結果になったのか現時点では不明なので、今後注意して調べようと思っている。

ヒグマと林業の時間的すみわけのため、次に考えたのが一日の時刻単位でのすみわけである。図6‐8の横軸は五月から一一月までの季節、縦軸は一日の時刻を示し、図の点がヒグマの撮影された時刻の分布を示している。図中の二本の横線は下の線が午前九時、上の線が午後五時で、つまりこの上と下の線の間

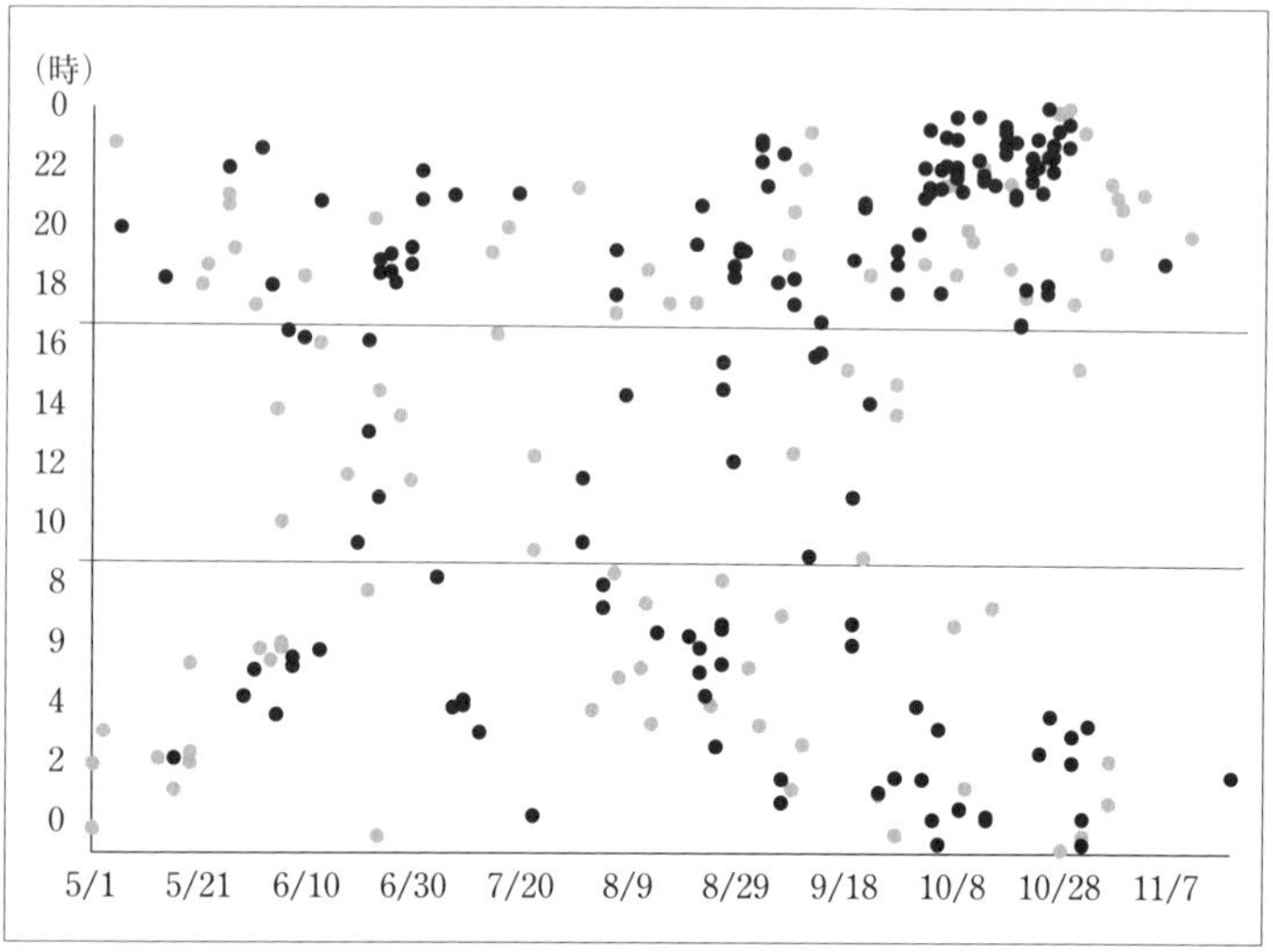

図 6-8　ヒグマの撮影時刻の季節変化。縦軸は 1 日の時刻、濃い丸は 2022 年、薄い丸は 2021 年のヒグマが撮影された時刻。2 本の横線は人間の勤務時刻の 9-5（17）時。

が一般的な人の勤務時間である。ヒグマは基本的には夜行性であるが、一日中動く周日活動性でもあり（Ikeda *et al.* 2016）、今回の結果もほぼ同じ傾向を示している。ただ、細かく季節を見ると、五月と九月下旬以降はほぼ夜行性の動物で、この時期は人間の活動（林業作業）との時間の重なりはない。問題なのは六月から九月中旬までにかけてで、この時期はヒグマもけっこう日中活動しており、ヒグマと人の遭遇リスクが生じる。この時期はヒグマの交尾期にあたり、とくに雄と思われる個体の日中での撮影頻度が高くなる。図6-9の上下の写真は同じ場所で二時間の間隔で撮影された別個体の写真である。この時期はヒグマとの遭遇確率をゼロにすることはできないが、工夫によって減らすことは可能である。たとえば比較的ヒグマの撮影頻度の高い夕方

図 6-9　同じ場所で 2022 年 7 月 31 日に 2 時間間隔で撮影された雄と思われる別個体。

の一時間を早く切り上げ、午後四時に仕事を終えるだけで遭遇確率を二三パーセント減らすことができるのである。このように空間的なすみわけができない場所では、時間的なすみわけを心がけることでヒグマとの遭遇リスクを減じることが可能である（柳川ほか 二〇二二）。

この共同研究は現在もまだ進行中で、新たな試みにも挑戦中である。これまではどちらかというとヒグマからの情報を受け取るだけの受け身の立ち位置だったが、三年目からは少し攻めの要素も入れていこうと考えている。まず空間的すみわけゾーンではこのルートトが涸れ沢で水場がないため、いくつか人工の水場をつくり、ヒグマやそのほかの動物にとってより有用な移動経路になるかどうかを調べる。また、時間的すみわけゾーンにはリアルタイムでヒグマの出現を通信できるカメラを設置し、それをノートパソコンなどで受信することで遭遇リスクを下げることができないかをいくつかの企業と共同で検討中である。

第7章
野生動物とともに

本州の西の端で生まれた人間が、北海道に渡って、学生の時代を含めるとかれこれ四〇年近く、人と野生動物の関係を見つめ続けてきた。私たちが暮らす十勝地方、北海道、あるいは日本、世界の国々で、人も野生動物も、被害者にも、加害者にもならないでともに暮らしていける場所をつくりたい。そういった思いで、多少でも同じ思いを持った学生、同僚、仲間たちと歩んできた「これまで」と「これから」を最後の章で綴りたい。

1　これまで

野生動物の保全や保護にかかわる仕事に就きたいと思い始めたのは、いつのころだっただろうか？私の場合は、ものごころついてすぐのころだったと思う。まずは小学校に上がる前のできごと。祖父が家のガラス窓に衝突したと思われる雌のジョウビタキを拾ってきた。鳥籠に入れて、元気になるのを待ったが、この鳥がなにを食べているのかがわからない。図鑑を調べても載っていない。試しに庭にあった柿の木に残っていた実をやったが食べない。そうこうしているうちに、死んでしまった。悲しかった、かもしれないが、そのときから私の庭にくる鳥の観察が始まった。鳥たちが、なにを食べ、どんな暮らしをしているのかを知りたかった。

長じて小学生になってから、だれかに空気銃で撃たれたツバメを拾った。そのころには少し知恵もついていたので、保温・補水をして怪我の治るのを待った。ある日、ちょっとした油断の隙に、そのツバメは外に飛び出し、私の見ている目の前で車に轢かれてしまった。このときは、悲しくて、くやしくて大泣きをした。なにより、元気になりかけた鳥を逃し、その結果、死なせてしまった自分のミスが耐えられなかった。きっと、今でもかなり鮮やかに思い出される、この二つのできごとが私の原体験になっているのだろう。

自分でも不思議なのだが、なぜその時点で獣医師を目指さなかったのだろう。傷ついた動物の命を救いたいのだったら普通、獣医師を目指すと思う。でも、なぜか早い時点でその選択肢はなかった。きっと「救いたい」、よりも「知りたい」のほうが勝っていたのか、あるいは「知らない」と「救えない」と思ったのか。のちに獣医師の免許を持ちながら野生動物の研究者になった同僚や教え子を持って、その手があったかと多少後悔しているのだが、高校時代にはそれを思いつかなかった。いずれにせよこの二羽の鳥の経験が、その後の私の進む方向に大きな影響を与えたのだと思う。動物のロードキルの研究に長くかかわり続けているのも、小学生のときのツバメの悲しく、くやしい思いがどこかで影響しているのかもしれない。われながら執念深いことだと思う。

そうして山口県の高校を出た私は、大学の案内本にあった人と野生動物の関係改善にかかわる「野生動物管理学」という言葉と北海道のまんなかあたりにある大学への憧れで帯広畜産大学を受験した。四年生になり念願の野生動物の研究室で卒業研究ができるようになった私は、さしたる深い考えもなく、また山に関してはまったくの素人であったにもかかわらず、今から考えればほんとうに無謀にも日高山脈のペテガリ岳という山にトータルで五〇日以上こもって、おもに野ネズミを卒業研究のテーマとした（柳川・伊藤 一九九〇）。

その日高の山のなかでどういう経緯かは忘れてしまったがコウモリに興味を持ち、かすみ網を張って捕獲しようとがんばった。当時はコウモリに関する知識も図鑑で読んだ程度でしかなく、彼らがどういう場所を通って移動するのか、という知識や経験のない素人が闇雲に適当な場所に網を仕かけても捕獲はできず、ある晩に網を仕かけて座っているすぐ後ろで「フッ」という鼻息と、大きな獣が静かに離れていく気配を感じて一瞬凍りつき、それ以降は恐怖で夜の調査ができなくなった。その後も何度かクマとの接触はあった（ようだ）が、日高のクマは寛容な個体が多いのか、先の「鼻息」のときのように向こうのほうから避けていってくれたようだ。

一度、ネズミの生捕り用トタン製箱わな（シャーマン型トラップ）を見回っているときに、近くにいたらしいクマが早足で逃げていったことがあったが（シカはドタドタ逃げるが、クマは静かに逃げる）、多少あわてていたのか、その際にガシャンという音がして、わなの一個がぺちゃんこに踏み潰されていた。一番の被害者はわなのなかで「のしいか」のようになっていたアカネズミだった。そんな経験をしながらも無事に調査を終えて山から下りることができた。何日間も人工の照明のない場所で暮らし、山から下りて麓の人家の灯りが目に入ったときに、「ああ、人の暮らす世界に還ってきたんだな」と、なぜか涙があふれ出てきたことを思い出す。

大学を卒業して六年間は九州の大学で修士・博士課程に進み、学部時代とはまったく異なった細胞学分野の研究に従事した。資料をつくるための実験室と透過型電子顕微鏡室が仕事の場で、安全剃刀の刃を折ってつくったメスと、大事に育てた自分の鼻毛をアセトンで脱脂したもの（弾力がベストで教科書にもちゃんと鼻毛を使うと書いてある）を針がわりに使い、だいたい全長二ミリメートル程度のダニを解剖して、直径四〇ミクロンの唾液腺を取り出し、それを固定して、その資料を八〇〇オングストロームという、とんでもない薄さにスライスして顕微鏡で眺めていた。暗い電子顕微鏡室で時間の概念もなくなり、午前中に部屋に入って、熱中して顕微鏡をのぞいていて、部屋から出たらまわりもまっ暗なんてこともあった。

卒論時代の人工の明かりのない山のなかもそうだったが、まっ暗な顕微鏡室での月日も、どう考えても明るい青春を送っていたとはいえないのだが、それはそれで研究としては純粋におもしろく、気がつくと六年の月日が過ぎていた。ただ、ときどきやはり野外で息が抜きたくなり、同じ研究室のコウモリ、ムササビ、野ネズミや鳥の研究をしていた先輩たちのフィールドに連れていってもらい、手伝いをしていた。今となっては、そのときの経験のほうがよりストレートに現在の仕事には活かされている。また、福岡市の陸生脊椎動物相調査を二年間かけて市内をくまなく回り、ときには小さな島にも渡って、研究室全員で調査したことも、研究というよりもみなで仕事をすることの楽しさや一般の人から動物の情報を引き出すテクニックを学ぶうえでたいへん有意義だった（福岡動物研究会 一九八五a、b、福岡市衛生局 一九八八、一九九〇）。

そうして、出戻りの助手として帯広畜産大学野生動物管理学研究室に戻ってからのことは第1章から綴ってきた内容なのであるが、以来三十数年間、さまざまな動物の保護・保全、防除・駆除にかかわってきた。その三十余年の間に時代の流れとともに野生動物と人の力関係にも変化が生じてきた。いつのまにか守られるべき存在であった野生動物が人の生活や産業をおびやかし、駆除・防除されるべき立場に変わったものもいる。赴任したてのころ、北海道のヒグマの推定個体数は二〇〇〇〜三〇〇〇頭といわれていたが、今では一万頭を超えている。

一方で北海道全体の人口はどんどん減っているし、地方から札幌や帯広などの都市への集中、核家族化、高齢化も進んでいる。人の力がだんだんと弱まり、またその勢力がおよぶ範囲が狭くなっていくと、これまで追われていた立場にあった野生動物の勢力がぶり返し、人間の生活・生産圏に進出してくるのも当然といえば当然のなりゆきだろう。人が減れば、野生動物は増えるのである。

そのような事情で、学生が希望する卒論や大学院研究のテーマの嗜好も、最初のうちは野生動物の保護・保全に関するものが多かったが、現在では防除や駆除に関する研究も多くなった。ただ、それが保護・保全のためであれ、駆除・防除のためであれ、私たちのテーマは一貫して「人と野生動物がよりよく、ともに生きていく」ための実践的な研究であり続けたい、と思っている。

ところで、私は五六歳になったときに（四月生まれなのでこういうときには便利なのだが）、定年まで後一〇年ということで残りの時間から逆算しておおまかな行動計画・目標を立ててみた。ところが、ものごと思いどおりにはいかないもので、大学に新しく着任された学長から理事への就任を打診された。政治向きのことは得意ではないと思っていたし、カミさんをはじめ周囲のだれもが「あなたには向いていない」と反対したので、何度かご辞退申し上げたのだが、けっきょくのところ断りきれずお引き受けすることとなった。

教育担当の理事兼副学長を四年間、それプラス教育・学生支援担当の副学長としてその後二年の計六年間、とくに最初の四年間はほぼ完全に教育・研究の現場から離れ、学会などにも出席せず、論文も読まず、フィールドにも出ず、大学の管理運営に終始した。大学経営にかかわり、内外の会議と日々のヒアリングと調整事項にあけくれ、教職員の人事・賞罰・評価に関与し、官庁や企業回りで交渉や資金集め、慣れないパーティーへの出席など、それまでの自分がほとんど経験したことのない職務に追われた四年間であった。

でも、その四年の間に野生動物にかかわることをまったくしていなかったかというと、じつはそうでもない。先に立てた一〇年計画は大きく変更を余儀なくされたが、それはそれで今までできなかったことがやれるようになるチャンスがある、などと思い直して、いろいろと考えた。ここら辺は、われながらなかなかしぶとい性格だなと思うのだが、その一つが新規事業として文部科学省と交渉して、大した額ではないが予算をつけていただいたリカレント教育（社会人教育）と環境教育を兼ね合わせた「農業共生圏高度専門家育成事業」の立ち上げである。この事業は五年間の計画で無事に終了したが、それなりのニーズはあったので、新たに「野生生物保全管理技術養成事業」ともう少しわかりやすい名前になって、大学から予算をつけてもらい継続している。この本でも何度か紹介した普及啓蒙用のリーフレットもその事業の一つで、私の趣味のようなところもあるのだけど、現役学生、OB・OG、大学教職員や写真が趣味の知り合いなど、楽しく参加してくれている（と思う）多くの人たちとの協働で、今時点で一七種類の冊子が公表されている（https://www.obihiro.ac.jp/biodiversity）。

また、理事時代にも野外から届けられる傷病鳥獣については、経験から私が世話したほうがよいと思ったものをいくつか引き受けていた。台風で内陸まで運ばれて保護されたコシジロウミツバメ（図7-1）を引き取ったときは、部屋の洗面台に栓をして水を溜め、どこかから塩をもらってきて海水のようにして、とりあえずそこで泳がしておいた。そうして会議などの仕事が終わってから、帯広から八〇キロメートル以上も離れた海まで連れていって放鳥した。総務課にまだ目の開いていないモモンガの子が届けられたときも、モモンガにしてはめずらしく噛み癖のある攻撃的な子だったので、私が哺育して育てることにした。ウミツバメもモモンガの子も、高級感と硬い雰囲気で普通の教職員には敷居の高い秘書室（学長・理事・局長の部屋のあるブロック）の一時的なアイドルとして、教職員への癒しの効果があったかもしれないが、秘書さんには会議などで私が不在の間、めんどうを見ている動物たちの様子をときどきのぞきにいってもらったり、モモンガの子のおしっこタオルまで洗濯してもらった。

図 7–1　台風で内陸部まで運ばれて保護されたコシジロウミツバメと私。仕事が終わって海まで連れていって放鳥した。（提供：十勝毎日新聞社）

そうして本業のほうで役に立った、かどうかは別にして無事に六年間の執行部の役割も終え、現場に復帰するも気がつけば定年まで後三年という状況になっていたので、とりあえずくる「仕事は選ばない、断らない」をモットーに残りの三年を少し生き急ぐことにした。戻ってみると、六年間の空白期間というのは思った以上に大きな存在で、たとえば理事になる前の学生たちはもうみんな卒業していなくなってしまい、かつての研究室のメンバーも知らぬ顔ばかり、残された時間ではたとえば時間をかけて博士課程の学生を指導する、なんてこともできなくなった。でも、そうであればそれで、ちょっと年のいった新人としての再デビューも悪くないなと思い、新しいことにも挑戦してみようか、という気にもなってくる。性格はどちらかというとネガティブなほうだと思うのだが、こと仕事に関してはポジティブなのである。おかげで、定年の間際に初めて本格的にクマの仕事にも取り組むことになったりもしたのだが、新たな気持ちで残りの時間を「野生動物との共存」のための教育・研究に費やすこととしている。

2　これから

いつも自問自答していることだが、私たちが今までやってきたこと、これまでこの本で綴ってきたことが、人と野生動物の関係をよりよくするために、実際どれだけ貢献してきたのだろうか？　そして、残り少ない在職期間やその後に、私はなにができ、なにをやるべきなのだろうか？　なにを人に、ときには動物たちに伝えていけばよいのだろうか？　いまさら過去を反省してもやり直すことはできないが、「これから」のことを考えるには、こうして「これまで」と「今」を振り返ってみるのはよい契機だと思う。

そういった面でも理事時代の四年間は、これまでの自分を外から見直せる時間だったと考えると、いまさらながら貴重な時間だったのだなと思う。そのときに出席したパーティーで、ある工学系大学の理事からおもしろい話を聞いた。その大学はそれまで工学部のみの単科大学であったが、理工学部に改編し、そのためその理事は全国の大学の工学部長会議にも、理学部長会議にも出席することになったそうである。これまでの工学部長会議ではもっぱら企業との共同研究の話で盛り上がっていたのだが、一方の理学部長会議では「企業といっしょに研究するなんて悪魔に魂を売るようなものだ」そうで「ぼくはいったいどう受け答えしたらいいんだろうね」とのことであった。私の出席していた農学部長会議はもっと平和で、ほのぼのしていたので、他人ごとのように「難儀やね」となぐさめていたのだが。

私はといえば、理事経験後に企業との仕事のウエイトがより増えた。増えただけでなく、共同でなにかを考える企業の範囲が広がった。慣れないパーティーなどで少しは自分のやってきたことを売り込んだせいかもしれない。それ以前にいっしょに仕事をしていた企業はほとんどが開発にかかわるコンサルタント業か農業被害などの対策に関する企業であったが、今、クマの研究をいっしょにやっているのは競走馬のオーナーとして有名な会社と本州の大手林業関係の会社だし、環境DNAの研究を受けたのは塾や予備校を経営している教育関連の企業である。そのようなどちらかというと異業種の方たちといっしょに仕事をすると、いろいろと新しい刺激がある。モントリオール・プロセスがなんたるかなんて、その方たちから教わった。そしてなによりそういった企業が、SDGsやネイチャー・ポジティブといったことに興味を示してくれ、いっしょにやった仕事をいろいろな場で公表したり、活かしてくれることがうれしい。

そして、私とともに動物のことを学んだ学生が就職するのは多くがそういった企業なのである。たまには博士課程に進み、大学や国や都道府県の研究機関に職を得る学生もいるが、多くの学生は学部、あるいは修士課程を卒業・修了して就職する。そういった子たちが、就職して、すぐにではないかもしれないが、だんだんと大学時代に経験したことを活かせるような世の中になってくれるとうれしい。その子たちが卒業・修了してからも、リカレント教育の場やリーフレットづくりなどにできる範囲内で参加してくれるようになってきた。そういうつながりを保つことで、現実の社会との接点を持つことができるのは、野生動物と人との橋渡しをすることを考えるうえで重要なことだと思う。社会を動かすためには、まず社会がなにを求めているかを、ごくごく身近なところから知る必要がある。

もちろん企業と仕事をするということは、理学部長会議で出た「悪魔に魂を売る」という言葉で表されるように、リスクもある。企業の動きはスピーディーであるが、はやりすたりに左右されることもある。メリットがない、採算がとれないとすぐに首を切られる。以前、シカの忌避効果をいっしょにやった企業もデータとしてはおもしろいものがとれ始めたと思ったら、上の判断で研究が中止になった。そんなことはよくあることだろう。守秘義務の関係ですぐには発表できないこともある。ただ、それを恐れて自分が慣れ親しんだ社会だけでやっていると、楽ではあるけど、けっきょくは縦割りの社会で世界が広がっていかないと思う。

野生動物と人との間の問題の解決には、じっくりと体のなかから直していくような研究とその場その場で応急措置的に効果を出す研究の双方が必要だ。その双方の研究に意義があるし、また楽しみもある。

たとえば、この本の引用文献のなかでモモンガやエゾリスに関する基礎的研究は、なにか切羽詰まった必要性があってやっている研究ではなくて、動機としては純粋にその動物たちのことが知りたくてやっている研究で、そういった基礎的な研究はなるべく英語で書いて世界に向けて発信する。その結果が活きて、たとえば「モモンガ用の横断構造物」をつくるときの数値の根拠となることもある。今、現実に起きているロードキルなどに関する研究は、速報性を重視し、現実化を目指して、そういった問題に興味を持つ、あるいは直面している人たちの集まりで、ある程度の結果が得られたらコンスタントにわかりやすい日本語で公表している。

今、私が目指している、あるいは夢見ている世界は「野生動物も人も、被害者にも加害者にもならずに、ともに生きていける場所」である。この目標はたぶん、職にあった三十数年、あるいはその前の子どもや学生のころからブレていないはずだ。大人になって、あるいはそれを職として変わったことは、そのことが研究や対策といった、より具体的な形をとるようになったこと、くらいである。

今までの経験をふまえると、それをどうやって実現していくかというやり方は山ほどある。魚が川の流れを変えることはできないが、川底の小石の一つくらいは動かせるはずだ。だから、少しずつ、できることからやっていく。やり方の「ヒント」だって、そこらじゅうに転がっているし、目標や手本となるような場所だってたくさんある。

たとえば飛行機と英語の苦手な私は、海外経験がほとんどないが、それでも国際学会で訪れたスウェーデンやドイツの公園でちょっとショック（よいほうへの刺激）を受けた。人と野鳥の距離が近いのである。ロビン（ヨーロッパコマドリ）やクロウタドリやカササギが公園でくつろぐ人たちのすぐそばで、枯れ葉を一心にめくって虫を探したり、巣材を拾ったりして普通に生活している。たまに子どもがモリバトを追いかけたりもするが、人々も野鳥の存在を認め、その姿や声を楽しみながらも必要以上に干渉しない。そこに「人と野生動物の距離感」や「身近な野生動物との付き合い方」の成熟度を感じてうらやましくなった。

これは一概によいとはいえないのかもしれないが、日本で感じる野生動物との間のピリッとした緊張感がそこでは感じられなかった。それは私が野外で動物を観察するときに学生にいう「殺気を消して、だらっと見ていろ」という感覚に通じるところがあると思う。私たちが発する殺気は人よりも何倍も感覚の鋭い野生動物にしっかりと伝わり、その結果、私たちは野生動物からのおそれや敵愾心を感じ取り、おたがいの間に緊張感が生じる。

一つの結論として、公園や学校などの緑地にいる身近で害のない動物たちとの距離感は、ヨーロッパで見た少し緩くて穏やかな感じがよいのではないか、と思う。私の大学でも新入生は入学当時は学内のエゾリスを追いかけて、スマホで写真など撮っているが、そのうちそれにも飽きて、学内にリスがいることが「あたりまえ」になってくる。そしてリスはリスで、人は人でそれぞれの目的に応じてキャンパスで生活・活動している。このくらいの距離感が、リスにとっても人にとっても心地よいのでは、と思う。あとは、第4章で述べたようにその「あたりまえ」が長く続くようにだれかがそれを見守っていればよいのだ。

さて、エゾリスや野鳥など人にとってそれほど大きく害にならない動物との付き合いは、これまで述べてきたような距離感を理想に近づけることを目標とするとしても、ヒグマのような人にとって脅威となる大型獣との共生・共存はどうであろうか？　個人的には先にも書いたように、コウモリの捕獲調査などで何度かこわい思いをしたことがある。ただ、それも実際にヒグマからなんらかの実害を受けたわけではないので、これまでに遭った野生のヒグマの美しさのほうが私のなかで強い印象で残っていて、なんとかこのすばらしい動物と共存できることを願っている。

ヒグマとの共存に関しては、第6章で述べた林業との共存が一つの参考になるだろう。もちろんこれはヒグマの存在に理解を示すオーナーの民有林で、しかも林業とヒグマという限られた条件での共存であるので、市街地への出没や農業被害などすべてのケースにそのまま応用できるものではないと考えている。ただ、ヒグマのような人に対して殺傷能力を持つ動物と共存していくためには、空間か時間をすみわけるしかない。

その一歩として大切なことは、クマにしてもシカにしても大きく移動する動物の動きは水の流れといっしょで、どこかで堰《せ》き止めると、流れようとして別のところから出てしまう、ということである。その結果、出てはならないところに、出てはならない動物が出没することも多々ある。だから、基本的に動物の通り道、とくにクマやシカなどの大規模（長距離）の移動経路はしっかりと把握し、それを阻害せず、また、そこから人の生活・生産圏に出てこないようにする工夫が必要である。当然のことではあるが、人の側に出てこないようにするための防衛策はだれもが考えるが、そのためにはそれらの動物を人との軋轢が起きない場所で移動・生活できるよう（たぶん今まではそうしていたのだろうから）保ってやることも大切だ。もちろん、数のうえでの管理も必要に応じてとるべきであるが。

その移動経路の確保に関連して、実現化しつつあるので、もう「夢」とはいえないかもしれないが、昔からやってみたかったことが一つあった。動物たちのための「水たまり」をつくってみたいと思っていた。きっと子どものころに見たテレビの、アフリカかどっかの砂漠のオアシスにいろいろな動物が訪れる映像の影響だと思うが、そんないろいろな動物にとって水飲み場や水浴び場として有用な水場をつくってみたかった。ちょうど現在、ヒグマと林業の共存を進めている場所は、土地が火山からの軽石の土壌で水はけがよすぎて、降った雨がすぐに地面に吸い込まれてしまう。また、林内には流水（小川）も止水（池や大きな水たまり）もない。

そこでヒグマの通り道（コリドー）を確保する仕事に関連づけて、そのルート上の林道の脇をちょっと掘ってもらい、そこにブルーシートを敷いて人工の水場を試験的につくってみた。きっとなにかが使ってくれるとは思っていたが、今年の夏の異常な暑さに後押しされてか、昼も夜も大盛況の様相である。昼間はひっきりなしに野鳥が水浴びにやってくる。設置した自動撮影カメラの映像でアカゲラ、シメ、クロツグミ、カラ類やホオジロ類など二〇種類以上の鳥たちが確認できた。巣立ったばかりのオオタカの兄弟もきてくれた。

夜は哺乳類の出番である。エゾシカ、キタキツネ、エゾタヌキ、ニホンテンなどが水を飲みにきた。コウモリが水場の上を旋回して昆虫を追っていた。このコウモリは映像では種までわからなかったが、水たまりの水の環境ＤＮＡの分析でテングコウモリというコウモリだとわかった。そしてヒグマ、夏の暑い日の日中にわずかに残った水たまりに座ったり、仰向けに寝転んでくつろいでいた（ように見える）（図7-2）。

けっきょく、この節の最初に書いた「私がやってきたことが動物たちにどれだけ役に立っているのだ

図 7–2　林道の横を少し掘って、ブルーシートをかぶせてつくった人工の水場でくつろぐヒグマ。夕方 16 時に 15 分以上こうやってくつろいでいた。

ろうか?」という問いをこれからも繰り返していくのだろうけど、こうやって暑さでうだっているヒグマに、一時の涼を与えられただけでも、そのなんとなく幸せそうな表情を見ていると、「ああ、やってよかったな」と思えてきて、ちょっと幸せな気持ちになれるし、これをもっと工夫してヒグマが楽しく遊べるようにしたいなと、次の仕事に向けての元気が湧いてくる。だから、あと少しの間は「なるべく、仕事は選ばず、断らず」でやっていこうかな、と思っている。

おわりに

初めに、私がこの本の執筆を始めるきっかけとなったのは東京大学出版会から先（二〇二三年一月）に出版された『野生動物のロードキル』（略称「ロードキル本」）の監修をつとめたことによる。その最後のまとめの過程で、新たにこの本の執筆のお勧めがあり、ありがたくお受けして文章を書き始めた。したがって、ロードキル本の編者である塚田英晴さんと園田陽一さんに監修に誘ってもらわなければ、この本が世に出ることはなかったであろう。その意味でまずはお二方にお礼申し上げる。

そして、ロードキル本の編集を通じて、ある時期からそれこそ毎日のようにメールのやりとりをし、その縁で本書を執筆することになったのは編集部の光明義文さんのお勧めによるものである。文章を書き始めて、最初の半分くらいまでは月に一章ごとの割合で順調に文章を書き進めることができた。ところが後半になるころ、筆が進まなくなり、一つの章に三カ月以上の時間を要した。なおかつ、苦労して、何度も書き直して送った文章に「ダメ出し」をもらった。薄々自分でも勘づいてはいたのだが、「ダメはダメ」といっていただいたことで、肩の力が抜けて一気に気分が軽くなって、その後はまたコンスタントに筆が進むようになった。ここでも、あらためてプロの編集者に感謝、である。

実際に文章の執筆を始めて過去の仕事を振り返ると、お礼をいうべき共同研究者がいかに多数であるかを思い知らされた。仕事で協働した研究者、学生、官庁・企業などのみなさん、ただこれらの人たちをすべて書いていくと相当な数になるだろうし、重みづけをして、たとえばこの方とこの方などと選ぶこともできない。この本の本文中に個人名を出したのは、歴史上の人物である松浦武四郎くらいで、あえていっしょに仕事をした方のお名前は出していない。申しわけないことだが、それらの方々のお名前は巻末の引用文献のリストの個々の文献で、私といっしょにお名前が載っている方すべて、ということでご容赦いただきたいと思う。もちろん共著者以外にもお世話になっている方は何人もいるし、本文中で一部を紹介した現在進行中の研究はまだ公表されてないものもあるので、それに現時点でかかわっている方たちのお名前は出てこないのだが……。

それ以外にも支えてくださった方々はたくさんいる。これまで二つの大学で学部から博士課程までの学生を一〇年、教員として助手、助教授（准教授）、教授を二〇年やって大学のことはだいたい知っているつもりになっていたが、理事として大学の経営に携わって、それがまったくの浅知恵であったことを痛感した。大学を円滑に動かしているのは、教員でも学生でもなく、優秀な職員である、と思う。その面でとくに理事を経験して以降の私の仕事を支えてくださり、それがこの本に書いてきた内容と関係する北海道国立大学機構・帯広畜産大学の秘書室、地域連携係、附属図書館、産学連携センターのみなさんにも感謝している。

そして、拙い文章を理解するうえでの助けとなる、すてきな写真の数々を提供してくださったみなさん、カバーや表紙のすばらしいイラストを描いてくださった柏木牧子さんにもお礼申し上げる。この本ではイラストや写真が文章以上のものを伝えている部分が多々あると思う。

これまで、そしてこの本をつくりあげていく過程でも「私は人に恵まれた」とつくづく思う。その方たちに私がどれだけお返しができているかは甚だ心もとないが、その多くの方たちと本書を共有しつつ、お礼を述べていければと思っている。私はもう大学で新たな学生さんを指導することはできなくなるが、この本を通して新しい読者の方に、私の、さらに私たちの「野生動物とともに生きていきたい」という想いが少しでも伝われば幸甚である。

柳川　久

【著者略歴】
一九五九年　山口県に生まれる
一九八二年　帯広畜産大学畜産学部卒業
一九八八年　九州大学大学院農学研究科博士後期課程修了
帯広畜産大学助手、助教授、教授、理事・副学長などを経て、
現在　帯広畜産大学畜産学部名誉教授、農学博士
専門　野生動物の保全管理

【主要著書】
『野生動物のレスキューマニュアル』（分担執筆、二〇〇六年、文永堂出版）
『コウモリ識別ハンドブック［改訂版］』（分担執筆、二〇一一年、文一総合出版）
『これからの日本のジビエ』（分担執筆、二〇二一年、緑書房）
『野生動物のロードキル』（監修、二〇二三年、東京大学出版会）ほか

北の大地に輝く命
野生動物とともに

二〇二四年四月一五日　初　版

検印廃止

著　者　柳川《やながわ》　久《ひさし》
発行所　一般財団法人　東京大学出版会
代表者　吉見俊哉
一五三-〇〇四一　東京都目黒区駒場四―五―二九
電話：〇三―六四〇七―一〇六九
振替：〇〇一六〇―六―五九九六四
印刷所　株式会社　精興社
製本所　誠製本株式会社

ISBN 978-4-13-063959-0 Printed in Japan

引用文献

阿部永．1958．北海道産トガリネズミ二種の個体変異及び年令的変異について．北海道大学農学部紀要 3：201-209.

赤坂猛．2011．アーバン・ディア――札幌近郊のエゾシカの生息実態について．モーリー 25：9-13.

赤坂卓美・柳川久・中村太士．2007．コウモリ類による日中のねぐらとしての橋梁の利用――北海道帯広市の事例．保全生態学研究 12：87-93.

明石宏作・柳川久．2009．秋期におけるエゾシカの交通事故と道路環境との関係．第 8 回「野生生物と交通」研究発表会講演論文集 8：9-14.

秋沢成江・柳川久．2000．大雪山国立公園，黒石平における繁殖池に隣接する道路でのエゾアカガエルの交通事故．上士幌町ひがし大雪博物館研究報告 22：25-27.

青井俊樹．2011．行動圏と土地利用――トラジロウの追跡を中心に（坪田敏男・山﨑晃司編，日本のクマ――ヒグマとツキノワグマの生物学）pp. 59-84．東京大学出版会，東京.

浅川満彦．2021a．野生動物医学への挑戦――寄生虫・感染症・ワンヘルス．東京大学出版会，東京.

浅川満彦．2021b．野生動物の法獣医学――もの言わぬ死体の叫び．地人書館，東京.

浅川満彦・尾針由真．2023．酪農学園大学野生動物医学センターが関わったロードキル事案等の総括――拠点施設閉鎖を機に回顧する．第 22 回「野生生物と交通」研究発表会講演論文集 22：49-52.

浅利裕伸．2023a．エゾモモンガ――滑空性哺乳類の分断化対策（柳川久監修，塚田英晴・園田陽一編，野生動物のロードキル）pp. 166-176．東京大学出版会，東京.

浅利裕伸．2023b．道路による野生動物への生態学的影響（柳川久監修，塚田英晴・園田陽一編，野生動物のロードキル）pp. 32-45．東京大学出版会，東京.

浅利裕伸・洲鎌有里．2019．北海道東部に建設された野生動物用オーバーパスの利用種および季節変化．土木学会論文集 G（環境）75：30-33.

浅利裕伸・柳川久．2006．道路などで分断された森林に生息するエゾモモンガの移動．第 5 回「野生生物と交通」研究発表会講演論文集 5：57–64.
浅利裕伸・柳川久．2008．北海道帯広市に設置されたモモンガ用道路横断構造物のモニタリング．ANIMATE 7：44–49.
浅利裕伸・柳川久・岩永将史・宮西功喜．2005．北海道帯広市のモモンガ用道路横断構造物のモニタリング（第 2 報）．第 4 回「野生生物と交通」研究発表会講演論文集 4：55–60.
Asari, Y., Yanagawa, H. and Oshida, T. 2007. Gliding ability of the Siberian flying squirrel *Pteromys volans orii*. Mammal Study 32：151–154.
浅利裕伸・山口裕司・柳川久．2008a．野外観察によって確認されたエゾモモンガの採食物．森林野生動物研究会誌 33：7–11.
浅利裕伸・東城里絵・柳川久．2008b．異なる生息環境におけるエゾモモンガの巣間移動距離．ANIMATE 7：40–43.
浅利裕伸・東城里絵・原口塁華・柳川久．2009a．エゾモモンガの生態を考慮した保全対策の検討．第 8 回「野生生物と交通」研究発表会講演論文集 8：67–72.
浅利裕伸・中嘉真咲菜・柳川久．2009b．エゾモモンガによって利用された樹洞とその選択要因の検証．森林野生動物研究会誌 34：16–20.
浅利裕伸・鹿野たか嶺・谷﨑美由記・野呂美紗子・原文宏・柳川久．2011．北海道に生息する陸生哺乳類の移動経路保全に関する提案．第 10 回「野生生物と交通」研究発表会講演論文集 10：115–122.
浅利裕伸・山口裕司・柳川久．2018．森林面積の減少にともなうタイリクモモンガ雌の行動圏の変化．森林野生動物研究会誌 43：31–35.
葦名千尋・柳川久．2006．大雪山国立公園黒石平のエゾアカガエル *Rana pirica* に対する道路横断用スロープの有効性．第 5 回「野生生物と交通」研究発表会講演論文集 5：45–48.
Beebee, T. J. C. 1996. Ecology and conservation of amphibians. Chapman & Hall, London.
福井大・前田喜四雄・佐藤雅彦・河合久仁子．2003．北海道におけるアブラコウモリ *Pipistrellus abramus* の初記録．哺乳類科学 43：39–43.
福岡動物研究会．1985a．福岡市動物生息状況調査報告書（昭和 58 年度福岡市衛生局委託調査），福岡市.
福岡動物研究会．1985b．福岡市動物生息状況調査（鳥類）報告書（昭和

59 年度福岡市衛生局委託調査)，福岡市.
福岡市衛生局（執筆：白石哲・川路則友・柳川久・古賀公也）. 1988. 自然環境シリーズ 2. ふくおかのとり. 福岡市衛生局環境保全部調整課, 福岡市.
福岡市衛生局（執筆：白石哲・荒井秋晴・柳川久）. 1990. 自然環境シリーズ 3. ふくおかのどうぶつ, 福岡市衛生局環境保全部調整課, 福岡市.
船越公威. 2020. コウモリ学——適応と進化. 東京大学出版会, 東京.
Galbreath, D. M., Ichinose, T., Furutani, T., Wanglin, Y. and Higuchi, H. 2014. Urbanization and its implications for avian aggression: a case study of urban black kites (*Milvus migrans*) along Sagami Bay in Japan. Landscape Ecology 24 : 169–178. DOI : 10.1007/s10980-013-9951-4
芳賀良一. 1955. 北海道網走におけるオジロワシの蕃殖の一例. 鳥 13 : 39–42.
芳賀良一. 1957. 北海道根室（花咲）半島におけるオジロワシの蕃殖について. 鳥 14 : 18–22.
原文宏. 2003. エゾシカのロードキル対策に関する計画及び設計方法. 国際交通安全学会誌 28 : 55–62.
原文宏. 2023a. ロードキルの防止と抑制対策（柳川久監修, 塚田英晴・園田陽一編, 野生動物のロードキル）pp. 253–274. 東京大学出版会, 東京.
原文宏. 2023b. ロードキルの防止及び抑制対策に関する一考察. 第 22 回「野生生物と交通」研究発表会講演論文集 22 : 37–42.
原文宏・若菜千穂. 2002. テキサスゲートの計画について. 第 1 回「野生生物と交通」研究発表会講演論文集 1 : 91–94.
原田正史. 1997. コウモリからの狂犬病感染. コウモリ通信 5 (1) : 11–12.
葉山久世. 2004. 幼コウモリの野生復帰・リハビリの課題. コウモリ通信 12 (1) : 14–17.
平井克亥・柳川久. 2010. 北海道十勝平野における猛禽類の営巣環境, 特にノスリとオオタカについて. 第 9 回「野生生物と交通」研究発表会講演論文集 9 : 55–60.
平井克亥・柳川久. 2012. 北海道十勝平野におけるハイタカの営巣木およ

び営巣林分の特徴．日本鳥学会誌 61：142–147.
平井克亥・柳川久．2013．北海道十勝平野におけるノスリの営巣パターンおよび営巣場所の特徴．日本鳥学会誌 62：166–170.
平井克亥・瀧本育克・柳川久．2008．北海道十勝地方におけるオオタカとハイタカの営巣環境とその保全．第 7 回「野生生物と交通」研究発表会講演論文集 7：51–56.
Hirakawa, H. and Nagasaka, Y. 2018. Evidence for Ussurian tube-nosed bat（*Murina ussuriensis*）hibernating in snow. Scientific Reports 8：12047. DOI：10.1038/s41598-018-30357-1
北海道猛禽類研究会．2021．北海道の猛禽類 2020 年版．応用生態工学会北海道猛禽研究会，札幌．（CD）
Huang, P., St. Mary, C. M. and Kimball, R. T. 2020. Habitat urbanization and stress response are primary predictors of personality variation in northern cardinals（*Cardinalis cardinalis*）. Journal of Urban Ecology 2020, 1–13. DOI：10.1093/jue/juaa015
家入明日美（取材・文）．2012．動物たちの交通安全．スロウ十勝 1：150–156.
飯嶋良朗．2022．モモンガがつかまった．サポート（野生動物救護研究会会報）139：1–3.
Ikeda, T., Uchida, K., Matsuura, Y., Takahashi, H., Yoshida, T., Kaji. K. and Koizumi, I. 2016. Seasonal and diel activity patterns of eight sympatric mammals in northern Japan revealed by an intensive camera-trap survey. Plos One 11（10）：e0163602. DOI：10.1371/journal.pone.0163602
石井健太・柳川久・中島宏章．2008．コウモリ類にとっての防風林の有用性について．第 7 回「野生生物と交通」研究発表会講演論文集 7：61–66.
石村智恵・鹿野たか嶺・野呂美紗子・原文宏・柚原和敏・杉本加奈子・柳川久．2013．エゾシカの警戒声を用いた交通事故防止策の試み．第 12 回「野生生物と交通」研究発表会講演論文集 12：33–38.
石村智恵・樽井敏治・鈴木隆・小川雅敏・柳川久．2014．道東自動車道における横断構造物の動物による利用（予報）．第 13 回「野生生物と交通」研究発表会講演論文集 13：69–76.
石村智恵・樽井敏治・佐々木正博・鈴木隆・森脇人司・小川雅敏・柳川久.

2015. 道東自動車道における道路横断構造物の動物による利用. 第14回「野生生物と交通」研究発表会講演論文集 14：87-92.
岩見恭子・川辺百樹. 2006. 十勝地方平野部で繁殖するノスリの営巣環境. 上士幌町ひがし大雪博物館研究報告 28：13-21.
岩見恭子・川辺百樹・石毛千栄子. 1998. オジロワシのカラマツ植林地での繁殖. 上士幌町ひがし大雪博物館研究報告 20：75-78.
神馬強史・川合正浩・高橋秀則. 2007. 一般国道237号でのエゾシカの交通事故防止対策に関する取り組みについて――人間・シカ双方への心理的手法の実践事例. 第6回「野生生物と交通」研究発表会講演論文集 6：77-82.
金澤裕司. 1995. アカエリヒレアシシギの大量保護例. ワイルドライフ・レポート 16：136-137.
重昆達也・大沢夕志・大沢啓子・峰下耕・清水孝頼・向山満. 2013. 群馬県の新幹線高架橋で見つかったヒナコウモリ *Vespertilio sinensis* の出産保育コロニーおよび冬季集団. 群馬県立自然史博物館研究報告 17：131-146.
嘉藤慎譲・平井克亥・柳川久. 2021. センサーカメラを用いた猛禽類の調査――繁殖モニタリングおよび巣内の状況. 第20回「野生生物と交通」研究発表会講演論文集 20：53-60.
川辺百樹・中岡利泰. 2000. 北海道におけるエゾナキウサギ南限の生息地. 上士幌町ひがし大雪博物館研究報告 22：9-11.
川辺百樹・小野登志和・宮嶋浩路・岩見恭子・牧田英男. 1994. 十勝地方におけるオジロワシの繁殖例. 上士幌町ひがし大雪博物館研究報告 16：13-19.
キム ファン（文）・堀川理万子（絵）（協力：柳川久・国土交通省北海道開発局帯広道路事務所）. 2021. ひとがつくったどうぶつの道. ほるぷ出版, 東京.
北村崇教・本郷敏志（監修）. 2013. 北海道「地理・地名・地図」の謎. 実業之日本社, 東京.
Klem, D., Jr. 1989. Bird-window collisions. The Wilson Bulletin 101：606-620.
Klem, D., Jr. 1990. Collisions between birds and windows: mortality and prevention. Journal of Field Ornithology 61：120-128.
Konno, Y. 2002. Present status of remnant forest in Obihiro, eastern Hok-

kaido, Japan: global perspective in forest conservation and sustainable agriculture. The organizing committee of OASERD：39–46.
紺野康夫・柳川久・辻修．2016．防風林のはたす生態系サービスと人々の生活．北海道の自然（北海道自然保護協会会誌）54：42–50.
黒沢信道．2020．「ウィンドゥ・アラート」の効果は？　サポート（野生動物救護研究会会報）131：14–15.
黒沢信道．2022．粘着ネズミ捕りの処置報告に関する補記．サポート（野生動物救護研究会会報）139：5.
正富宏之．2000．タンチョウそのすべて．北海道新聞社，札幌.
松﨑博季・真田博文・和田直史．2021．シカ用警笛の音響計測とスピーカー再生された警笛音に対するニホンジカの反応調査．野生生物と社会 9：75–85.
芽室町．2017．特集　農業のまちを支える――鳥獣被害から農作物と家畜を守る．Smile（芽室町広報誌）796：4–8.
湊秋作．2018．ニホンヤマネ――野生動物の保全と環境教育．東京大学出版会，東京.
森信也．1980．オジロワシの繁殖生態．鳥 29：47–68.
村木尚子・柳川久．2006．帯広市における鳥獣類による樹洞利用の季節変化．樹木医学研究 10：69–71.
中島宏章．2011．BAT TRIP ぼくはコウモリ．北海道新聞社，札幌.
中島宏章・石井健太．2005．北海道札幌市，石狩市，当別町におけるドーベントンコウモリ *Myotis daubentonii* の捕獲記録．森林野生動物研究会誌 31：42–47.
Nakama, S. and Yanagawa, H. 2009. Characteristics of tree cavities used by *Pteromys volans orii* in winter. Mammal Study 34：161–164.
中村紘喜．2023．天然記念物シマフクロウ（*Ketupa blakistoni*）を対象とした防鳥柵の配色検討．Docon Report 214：16–19.
中西せつ子．1996．アブラコウモリ（野生動物救護ハンドブック編集委員会編，野生動物救護ハンドブック――日本産野生動物の取り扱い）pp. 153–157．文永堂出版，東京.
中野宏隆．2001．コウチャンしあわせにね！　コウモリ飼育観察日記．POD 出版，東京.
南部朗・柳川久．2010．エゾモモンガの冬期の採食物とその選択性．森林野生動物研究会誌 35：22–25.

西垣正男・川道武男．1996．ニホンリス（川道武男編，日本動物大百科第1巻　哺乳類I）pp. 70–73．平凡社，東京．

西尾翼・高田まゆら・宇野裕之・佐藤喜和・柳川久．2013．北海道十勝地域におけるアカギツネ（*Vulpes vulpes*）のロードキル発生に対する影響要因の解析——道路周辺の景観構造およびエゾシカ駆除・狩猟の影響に注目して．哺乳類科学 53：301–310．

野村友美・柚原和敏・柳川久．2016．おびひろ動物園における教育的取り組みに関するアンケート調査——郷土の動物であるエゾモモンガを題材として．帯広畜産大学学術研究報告 37：33–47．

野呂美紗子．2011．自然共生社会の実現に向けたエゾシカと車両の衝突問題に関する研究．北海道大学大学院工学研究院博士論文．

野呂美紗子．2023．エゾシカ——大型動物のロードキル（柳川久監修，塚田英晴・園田陽一編，野生動物のロードキル）pp. 49–62．東京大学出版会，東京．

野呂美紗子・柳川久．2002．十勝管内の国道におけるエゾシカの交通事故の特徴とその原因について（予報）．第1回「野生生物と交通」研究発表会講演論文集 1：75–80．

野呂美紗子・柳川久．2003．道路周辺のエゾシカと事故数との関係——国道273号を例として．第2回「野生生物と交通」研究発表会講演論文集 2：75–80．

野崎司春．2020．十勝地方中央部における積雪期のエゾユキウサギの生息状況に関する調査．帯広大谷短期大学地域連携推進センター紀要 7：51–57．

帯広市．2000．帯広市環境基本計画——環境共生都市をめざして．

岡部佳容・野呂美紗子・柳川久．2001．オーバーブリッジを利用するシマリス．リスとムササビ 9：15．

岡部佳容・野呂美紗子・柳川久．2009．北海道東部の高速道路における道路横断構造物の動物による利用とその調査方法の検討．帯広畜産大学学術研究報告 30：61–70．

大熊勳・吉松大基・高田まゆら・赤坂卓美・柳川久．2017．北海道十勝地域の農地景観におけるニホンジカおよびアカギツネの河畔林利用頻度に影響する要因とその季節変化．保全生態学研究 22：63–73．

大熊勳・福谷麻方・浅利裕伸・柳川久．2019．ニホンジカ *Cervus nippon* の農業被害量に作物種と周囲の森林の分布が与える影響について——

アンケート調査を用いて．森林野生動物研究会誌 44：1-7.
Okuma, I., Akasaka, T., Yoshimatsu, D. and Yanagawa, H. 2022. Influence of non-lethal human activities on daily activity patterns of sika deer（*Cervus nippon*）in an agricultural landscape. Mammalian Biology. DOI：10.1007/s42991-022-00311-w
小野香苗・柳川久．2010．樹上性小型哺乳類およびコウモリ類による道路横断構造物利用のモニタリング．第 9 回「野生生物と交通」研究発表会講演論文集 9：73-78.
大泰司紀之・井部真理子・増田泰（編）．1998．野生動物の交通事故対策【エコロード事始め】．北海道大学図書刊行会，札幌．
佐伯緑．2023．タヌキ――ロードキルの 5W1H（柳川久監修，塚田英晴・園田陽一編，野生動物のロードキル）pp. 82-98．東京大学出版会，東京．
Saeki, M. and Macdonald, D. W. 2004. The effects of traffic on the racoon dog（*Nyctereutes procyonoides viverrinus*）and other mammals in Japan. Biological Conservation 118：559-571. DOI：10.1016/j.biocon.2003.10.004
斉藤春治．1926．北海道に棲息する丹頂に就いて．鳥 5：16-19.
齊藤慶輔．2002．シマフクロウ（*Ketupa blakistoni*）の交通事故――野生動物医学的考察．第 1 回「野生生物と交通」研究発表会講演論文集 1：27-30.
齊藤慶輔．2009．北海道における大型希少猛禽類の事故及びその対策――特に交通事故と感電事故について．モーリー 21：26-29.
齊藤慶輔・渡辺有希子．2011．北海道におけるオオワシ・オジロワシのレールキル――保全医学的考察と対策の検討．第 10 回「野生生物と交通」研究発表会講演論文集 10：81-86.
更科源蔵・更科光．1977 ．コタン生物記 III　野鳥・水鳥・昆虫篇．法政大学出版局，東京．
佐々木智子・柳川久．2015．北海道十勝川中流部におけるタンチョウと人の共存――市民活動の記録とアンケート調査による考察．阿寒国際ツルセンター紀要 12：21-45.
佐々木康治・佐々木香織・小野香苗・野口貴生・柳川久．2011．樹上性小型哺乳類およびコウモリ類による道路横断構造物利用のモニタリング（続報）．第 10 回「野生生物と交通」研究発表会講演論文集 10：93-

101.
佐々木靖博・佐藤豪・松本政徳．2013．河川事業における希少鳥類繁殖への配慮——十勝川下流における取り組み．第57回北海道開発技術発表会（https://thesis.ceri.go.jp/）
佐藤真人・鹿野たか嶺・佐藤金八・野呂美紗子．2023．最近のエゾシカの交通事故の発生傾向を探る．第22回「野生生物と交通」研究発表会講演論文集 22：21-24.
佐藤喜和．2021．アーバン・ベア——となりのヒグマと向き合う．東京大学出版会，東京．
澁谷辰生・川辺百樹・柳川久．1999．大雪山国立公園，糠平における鳥類のガラス衝突．上士幌町ひがし大雪博物館研究報告 21：69-73.
鹿野たか嶺・柳川久・野呂美紗子・原文宏・神馬強志．2006．道路沿いに出現するエゾシカに対する鹿笛の有効性．第5回「野生生物と交通」研究発表会講演論文集 5：25-30.
鹿野たか嶺・野呂美紗子・柳川久・神馬強志．2007．音を用いたエゾシカの交通事故対策の検討（中間報告）．第6回「野生生物と交通」研究発表会講演論文集 6：83-88.
鹿野たか嶺・柳川久・野呂美紗子・原文宏・神馬強志．2010．交通事故防止を目的としたエゾシカに対するディアホイッスルの有効性．野生生物保護 12：39-46.
Shiraki, S. 1994. Characteristics of white-tailed sea eagle nest sites in Hokkaido, Japan. The Condor 96：1003-1008.
白木彩子．1999．北海道におけるオジロワシ *Haliaeetus albicilla* の生息の現状とその保全．野生動物医学会誌 4：33-37.
白木彩子．2012．北海道におけるオジロワシ *Haliaeetus albicilla* の風力発電用風車への衝突事故の現状．保全生態学研究 17：85-96.
白木彩子．2013．北海道におけるオジロワシの繁殖の現状と保全上の課題（桜井泰憲ほか編著，オホーツクの生態系とその保全）pp. 319-324. 北海道大学出版会，札幌．
添田若菜・園田陽一・柳川久．2022．北海道十勝地方における中型肉食獣のロードキル．エゾタヌキとキタキツネを比較して．第21回「野生生物と交通」研究発表会講演論文集 21：45-50.
園田陽一・松江正彦・舟久保敏．2019．野生哺乳類による道路横断施設の利用とその利用に影響する要因．ランドスケープ研究（オンライン論

文集）12：37–44.

Stankowich, T. and Blumstein, D. T. 2005. Fear in animals: a meta-analysis and review of risk assessment. Proceedings of Royal Society B : Biological Sciences : 2627–2634.

Suzuki, K. and Yanagawa, H. 2012. Different nest site selection of two sympatric arboreal rodent species, Siberian flying squirrel and small Japanese field mouse, in Hokkaido, Japan. Mammal Study 37 : 243–247.

Suzuki, K. and Yanagawa, H. 2013. Efficient placement of nest boxes for Siberian flying squirrels *Pteromys volans*: effects of cavity density and nest box installation height. Wildlife Biology 19 : 217–221. DOI : 10.2981/12-048

Suzuki, K. and Yanagawa, H. 2019. Gliding patterns of Siberian flying squirrels in relation to forest structure. *i*Forest 12 : 114–117. DOI : 10.3832/ifor2954-011

Suzuki, K., Asari, Y. and Yanagawa, H. 2012. Gliding locomotion of Siberian flying squirrels in low-canopy forests: the role of energy-inefficient short-distance glides. Acta Theriologica 57 : 131–135. DOI : 10.1007/s13364-011-0060-y

鈴木圭・山根大・柳川久．2014．ヒメネズミの営巣場所利用――タイリクモモンガの存在下における営巣高変化の可能性．哺乳類科学 54：243–249.

Suzuki, K., Yoshida, T., Yamane, Y., Shimamoto, T., Furukawa, G. R. and Yanagawa, H. 2017. Temporal differences in breeding site use between tits and mice. Zoologia 34: e14882. DOI : 10.3897/zoologia.34.el14882

高田優・前田敦子・谷﨑美由記・柳川久．2014．道路建設に伴うコウモリ類保全対策としてのバットボックスの有効性．第 13 回「野生生物と交通」研究発表会講演論文集 13：61–68.

宝川範久．1996．エゾリス（川道武男編，日本動物大百科第 1 巻　哺乳類 I）pp. 68–69．平凡社，東京.

竹田津こるり・柳川久．1995．エゾモモンガ母子の音声コミュニケーション．森林保護 247：22–24.

竹口琴葉・杉本美紀・藤井奈月・柚原和敏・柳川久．2017．動物園と大学

の連携による解説板設置効果の検証――十勝に生息する野生動物「エゾモモンガ」を題材として．帯広畜産大学学術研究報告 38：34–52.
武内文乃（取材協力：宮津直倫）．2009．エゾシカは害獣か――エゾシカの過去・現在・未来．faura 25：24–27.
玉田克巳・藤巻裕蔵．1993．帯広市とその周辺におけるハシボソガラスとハシブトガラスの繁殖生態．日本鳥学会誌 42：9–20.
Tamada, K., Tomizawa, M., Umeki, M. and Takada, M. 2014. Population trends of grassland birds in Hokkaido, focussing on the drastic decline of the Yellow-breasted Bunting. Ornithological Science 13：29–40. DOI：10.2326/orj.13.29
田中アサ子．1999．アブラコウモリを飼育して．コウモリ通信 7（1）：18–19.
谷崎美由記・前田敦子・柳川久．2003．道路建設に伴うコウモリ類への保全対策とそのモニタリング．第 2 回「野生生物と交通」研究発表会講演論文集 2：53–60.
谷崎美由記・石塚正仁・柳川久・鶴谷孝一・浅野哉樹．2009．北海道帯広市のコウモリ用ボックスカルバートのモニタリング（第 2 報）．第 8 回「野生生物と交通」研究発表会講演論文集 8：95–102.
立神雅宣・滝本育克・柳川久・中村智・佐々木一靖．2007．北海道帯広市のコウモリ用カルバートのモニタリング（第 2 報）．第 6 回「野生生物と交通」研究発表会講演論文集 6：57–64.
東城里絵・柳川久．2008．北海道十勝地方の防風保安林における鳥獣類による巣箱の利用．森林野生動物研究会誌 33：1–6.
東城里絵・浅利裕伸・柳川久．2008．十勝地方の防風保安林に生息するエゾモモンガの生態とその保全．第 7 回「野生生物と交通」研究発表会講演論文集 7：35–40.
辻維周・轟秀明・松倉拓郎．2023．獣害対策用高周波，低周波発生装置の効果について．第 22 回「野生生物と交通」研究発表会講演論文集 22：11–14.
辻井順．1995．野鳥の衝突事故と建築計画．第 3 回・第 4 回野生動物救護研究会フォーラム報告書：74–83.
辻井順．2009．建築とバードストライクのこれから．モーリー 21：23–25.
塚田英晴．2022．もうひとつのキタキツネ物語――キツネとヒトの多様な関係．東京大学出版会，東京.

筒渕美幸．1998．十勝地方における鳥類の交通事故．野生動物救護研究会フォーラム '96 '97 報告集：1-4.
筒渕美幸・権田久美子・柳川久．1999．北海道東部における鳥類の死因 IV．交通事故．帯広畜産大学学術研究報告 20：253-258.
Uchida, K., Suzuki, K., Shimamoto, T., Yanagawa, H. and Koizumi, I. 2016. Seasonal variation of flight initiation distance in Eurasian red squirrels in urban versus rural habitat. Journal of Zoology 298：225-231. DOI：10.1111/jzo.12306
Uchida, K., Suzuki, K. K., Shimamoto, T., Yanagawa, H. and Koizumi, I. 2017. Escaping height in a tree represents a potential indicator of fearfulness in arboreal squirrels. Mammal Study 42：39-43.
Uchida, K., Suzuki, K. K., Shimamoto, T., Yanagawa, H. and Koizumi, I. 2019. Decreased vigilance or habituation to humans? Mechanisms on increased boldness in urban animals. Behavioral Ecology, 30：1583-1590. DOI：10.1093/beheco/arz117
Uchida, K., Shimamoto, T., Yanagawa, H. and Koizumi, I. 2020. Comparison of multiple behavioral traits between urban and rural squirrels. Urban Ecosystems 23：745-754. DOI：10.1007/s11252-020-00950-2
Uchida, K., Yamazaki, T., Ohkubo, Y. and Yanagawa, H. 2021. Do green park characteristics influence human-wildlife distance in arboreal squirrels? Urban Forestry & Urban Greening 58: 126952. DOI：10.1016/j.ufug.2020.126952
浦口宏二．2004．都市ギツネの個体数推定――位置のデータで数を知る．哺乳類科学 44：87-90.
浦口宏二．2018．キツネ――広域分布種（増田隆一編，日本の食肉類――生態系の頂点に立つ哺乳類）pp. 67-88．東京大学出版会，東京．
和田哲也．2023．人工湿地の継続的な維持管理による温室効果ガスの削減と河川維持管理コストの低減，生態系サービスの提供．土木技術資料 65（5）：32-35.
渡辺恵・嶌本樹・渡辺義昭・内田健太．2022．都市近郊林における餌付けが滑空性哺乳類に与える影響――大胆行動および捕食イベントの観察をもとに．保全生態学研究．（https://doi.org/10.18960/hozen.2127）
山口裕司・柳川久．1995．野外におけるエゾモモンガ *Pteromys volans orii* の日周期活動．哺乳類科学 34：139-149.

山口由依・柳川久．2010．帯広畜産大学キャンパスにおけるエゾリスの生態 1．巣と営巣木の選択．帯広畜産大学学術研究報告 31：34-39.
柳川久．1993．北海道東部における鳥類の死因．Strix 12：161-169.
柳川久．1994．小鳥用巣箱を用いたエゾモモンガの野外研究．森林保護 241：20-22.
柳川久．1997．モモンガ類の産仔数．リスとムササビ 1：5.
柳川久．1998．保護されたモモンガとコウモリ類の取扱いについて．野生動物救護研究会フォーラム '98 報告集：4-9.
柳川久．1999．エゾモモンガの生態（ビデオ発表）――北海道十勝平野における一年間の記録．哺乳類科学 39：181-183.
柳川久．2002．北海道十勝地方における野生動物の交通事故の現状とその防止策．第 1 回「野生生物と交通」研究発表会講演論文集 1：67-74.
柳川久．2004．リスと市民のつきあい方――北海道帯広市の事例（「人とニホンリスの関係を考える」ニホンリスのワークショップとシンポジウム報告書）pp. 50-53．東京都井の頭自然文化園「リスワークショップ実行委員会」，東京.
Yanagawa, H. 2005. Traffic accidents involving the red squirrel and measures to prevent such accidents in Obihiro City, Hokkaido, Japan. Research Bulletin of Obihiro University 26：35-37.
柳川久．2006a．リス類，ウサギ類．（森田正治編，野生動物のレスキューマニュアル）pp. 180-185．文永堂出版，東京.
柳川久．2006b．小型コウモリ類（森田正治編，野生動物のレスキューマニュアル）pp. 191-195．文永堂出版，東京.
柳川久．2015．十勝平野の河畔林と防風林――シカ・キツネ・クマの通り道？　森林野生動物研究会誌 40：35-39.
柳川久．2019．野生動物と生きるいくつかの方法．ソーゴー印刷，帯広.
柳川久．2021．十勝川流域の川づくり・地域づくり．河川 894：26-30.
柳川久（文責）．2022a．とかちの野生動物　2022．帯広畜産大学野生生物保全管理技術養成事業．（https://www.obihiro.ac.jp/biodiversity）
柳川久（文責）．2022b．とかちの野生動物　エゾリス．帯広畜産大学野生生物保全管理技術養成事業．（https://www.obihiro.ac.jp/biodiversity）
柳川久（文責）．2023a．とかちの野生動物　コウモリ．帯広畜産大学野生生物保全管理技術養成事業．（https://www.obihiro.ac.jp/biodiversity）
柳川久．2023b．キタキツネとエゾリス――普通種のロードキルとその対

策．（柳川久監修，塚田英晴・園田陽一編，野生動物のロードキル）pp. 63-81．東京大学出版会，東京．
柳川久（文責）．2023c．おびひろ動物園のなかま　2023．帯広畜産大学野生生物保全管理技術養成事業．(https://www.obihiro.ac.jp/biodiversity)
柳川久（文責）．2023d．十勝川水系のいきもの　2023——十勝川治水 100 年記念．帯広畜産大学野生生物保全管理技術養成事業．(https://www.obihiro.ac.jp/biodiversity)
Yanagawa, H. and Akisawa, M. 2004. Road kills of medium- and small-sized mammals, reptiles and amphibians in eastern Hokkaido. Research Bulletin of Obihiro University 25 : 9-13.
柳川久・伊藤晴康．1990．日高山脈ペテガリ岳西尾根における小哺乳類の垂直分布．帯広畜産大学学術研究報告 17 : 69-75.
柳川久・武藤満雄．1991．北海道におけるハクガンの記録と十勝における初観察例．Strix 10 : 268-271.
柳川久・澁谷辰生．1996．北海道東部における鳥類の死因 II．帯広畜産大学学術研究報告 19 : 251-258.
柳川久・澁谷辰生．1998．北海道東部における鳥類の死因 III．ガラス衝突．帯広畜産大学学術研究報告 20 : 253-258.
柳川久・澁谷辰生．2000．北海道十勝地方の 2 つの小学校における鳥類のガラス衝突死．Strix 18 : 79-87.
柳川久・筒渕美幸．1999．交通事故によるベニヒワの大量死．Strix 17 : 177-180.
柳川久・上田理恵．2003．北海道におけるエコブリッジ（樹上性動物用ブリッジ）の現状と課題．第 2 回「野生生物と交通」研究発表会講演論文集 2 : 45-52.
柳川久・田中雅宏・井上剛・谷口明里．1991．飼育下におけるエゾモモンガ *Pteromys volans orii* の日周期活動．哺乳類科学 30 : 157-165.
柳川久・野呂美紗子・岡部佳容．2001a．ボックスカルバートを利用するコウモリ．コウモリ通信 9 (1) : 11-13.
柳川久・佐々木康治・片岡香織．2001b．北海道芽室町北伏古地区における翼手目（コウモリ類）の捕獲記録．森林野生動物研究会誌 27 : 20-26.
柳川久・秋沢成江・筒渕美幸．2003a．北海道十勝地方におけるコウモリ類の交通事故．コウモリ通信 11 (1) : 9-10.

柳川久・野呂美紗子・谷﨑美由記・西村千穂・室瀬秋宏. 2003b. 大雪山国立公園におけるエゾアカガエルに対する交通事故防止策の効果. 上士幌町ひがし大雪博物館研究報告 25：57–60.
柳川久・前田敦子・谷﨑美由記・赤坂卓美. 2003c. 北海道芽室町北伏古地区における翼手目の捕獲記録 第2報. 森林野生動物研究会誌 29：19–24.
柳川久・瀧本育克・赤坂卓美・佐々木尚子. 2004a. 北海道十勝・日高地方の翼手類1. トマム，新得地区における記録. 上士幌町ひがし大雪博物館研究報告 26：47–50.
柳川久・野呂美紗子・岡部佳容・谷﨑美由記・前田敦子. 2004b. 北海道におけるコウモリ類による各種カルバートの利用. 第3回「野生生物と交通」研究発表会講演論文集 3：7–12.
柳川久・浅利裕伸・岸田久美子・木村誠一・北清竜也. 2004c. 北海道帯広市のモモンガ用道路横断構造物とそのモニタリング. 第3回「野生生物と交通」研究発表会講演論文集 3：13–18.
柳川久・佐々木康治・瀧本育克. 2006a. 北海道十勝・日高地方の翼手類相（6）帯広市農耕地域の防風保安林における捕獲記録. 森林野生動物研究会誌 32：5–10.
柳川久・滝本育克・立神雅宣・宮西功喜・岩永将史・斎藤裕. 2006b. 北海道帯広市のコウモリ用エコボックスカルバートとそのモニタリング. 第5回「野生生物と交通」研究発表会講演論文集 5：49–56.
柳川久・瀧本育克・佐々木康治. 2009. 北海道十勝・日高地方の翼手類相（8）中札内村農耕地域の防風保安林における捕獲記録. 森林野生動物研究会誌 34：1–6.
柳川久・大熊勳・藤澤美緒・杉本美紀・柚原和敏. 2022. おびひろ動物園に出現する野生動物. 帯広百年記念館紀要 40：41–45.
柳川久・吉田俊介・渡辺晋二・浅野浩史・藤井朝子・粂井詩帆・塩路聖香. 2023. 苫小牧植苗民有林におけるヒグマの移動経路確保（予報）林業とヒグマの共存にむけて. 第22回「野生生物と交通」研究発表会講演論文集 22：43–48.
矢竹一穂. 2001. ニホンリスの保全ガイドラインつくりに向けて I. ニホンリスの保全事例. 哺乳類科学 41：125–136.
矢竹一穂・田村典子. 2001. ニホンリスの保全ガイドラインつくりに向けて III. ニホンリスの保全に関わる生態. 哺乳類科学 41：149–157.

米川洋・川辺百樹・岩見恭子．1995．十勝地方平野部におけるノスリ *Buteo buteo* の繁殖生態と繁殖個体群の減少要因．上士幌町ひがし大雪博物館研究報告 17：1-14．

吉岡麻美・柳川久．2008．北海道十勝地方の農耕地域における哺乳類による河畔林と防風林の利用．帯広畜産大学学術研究報告 29：66-73．